海底地名命名
理论与技术方法

李四海　邢　喆　樊　妙　李艳雯　编著

海洋出版社

2015年·北京

图书在版编目(CIP)数据

海底地名命名理论与技术方法 / 李四海, 邢喆, 樊妙编著. — 北京: 海洋出版社, 2015.9

ISBN 978-7-5027-9236-7

Ⅰ.①海… Ⅱ.①李… ②邢… ③樊… Ⅲ.①海底 – 地名 – 命名法 Ⅳ.①P737.2

中国版本图书馆CIP数据核字(2015)第217132号

责任编辑：方　菁　苏　勤
责任印制：赵麟苏

海洋出版社 出版发行

http://www.oceanpress.com.cn

北京市海淀区大慧寺路 8 号　　邮编：100081
北京朝阳印刷厂有限责任公司印刷　　新华书店经销
2015年10月第 1 版　2015年10月北京第 1 次印刷
开本：787mm×1092mm　1／16　印张：11.75
字数：160千字　　定价：68.00 元
发行部：010-62132549　邮购部：010-68038093　总编室：010-62114335

海洋版图书印、装错误可随时退换

前 言

　　说到地名，人们再熟悉不过了，我们的工作生活每时每刻都离不开地名。如果生活中没有了地名，人们的一切活动就会失去方位，陷入混乱，那将是一个令人恐怖的世界。同样海洋中也需要地名，海底地形图中的地名可以帮助航海的人们辨别方向。

　　用于海洋制图的海底地名命名工作已经有100多年的历史，成立专门的国际组织负责海底地名命名工作也有近40年。20世纪90年代以前，由于受海底地形探测技术的限制，获取的海底地形调查资料非常有限，因此这项工作进展较为缓慢，主要以海洋发达国家为主开展此项工作，如美国、俄罗斯、英国、法国、德国、加拿大、日本等。90年代以后，随着多波束等海底探测技术的迅速发展，人们开始获得大量的海底地形调查资料，为摸清海底地形状况创造了条件。在海底制图过程中，通过资料分析，大量新的海底地理实体被发现并命名，海底地名命名活动日益活跃起来。为了使地名命名得到规范和统一，通用大洋水深图（GEBCO）组织在1975年专门成立了海底地名分委会（SCUFN），负责制定海底地名命名标准和海底地名提案的审议，同时GEBCO编制发布了海底地名辞典并在国际上推广应用。

　　我国作为国际水深图（IBC）项目西太平洋地区的主编国，长期以来一直关注海底地名命名工作，但由于缺乏海底实地调查资料，这项工作一直没有得到足够的重视，虽然早在2002年就派人以观察员身份参加SCUFN工作会议，但多年来并未开展实质性工作。近年来我国周边海洋形势日益复杂，地名命名工作也面临着新的形势，如日本在东海海域开展了大量的海底地名命名工作；韩国也在黄海海域开展了海底地名命名工作，有的提案还通过了SCUFN的审议，列入到国际地名辞典；马来西亚等国家在南海也在开展海底地名命名工作，还在2014年向SCUFN提交了地名提案。上述命名海域都处于我国与周边国家主张管辖海域的争议区域，为了维护我国海洋权益，我国从2011年起抓紧组织开展海底地名命名工作，并在短时间内取得了明显成效。

　　我国参照国外已有的工作经验，通过精心筹划和准备，在2011年北京召开的SCUFN 24次工作会议上，首次提出的7个海底地名提案顺利通过审议并列入到GEBCO海底地名辞典，结束了国际海底地名没有中国人命名的历史，同时，此次会议上国家海洋信息中心研究员林绍花当选为SCUFN委员，为我国争取到了该领域的话语权，这些都为我国海底地名命名工作开了好局。

为了尽快缩短我国与国外在基础理论和技术方法研究方面的差距，在国家海洋公益性行业科研专项的支持下，2011 年，"典型海域海底地形地貌特征及命名示范研究"项目得以顺利立项。三年多来，课题组密切跟踪国际发展动态，在基础理论研究和技术研发等方面扎实工作，奋力攻坚，短期内取得了一系列科研成果，为我国的海底地名命名工作提供了重要的技术支撑，逐渐形成了具有我国特色并与国际接轨的命名标准和技术体系，并在实际业务工作中得到应用。从 2011—2014 年我国已向 SCUFN 累计提交并审议通过了 43 个高质量的海底地名提案，扩大了我国在该领域的影响。

"典型海域海底地形地貌特征及命名示范研究"在执行过程中，首先深入了解了国际海底地名工作的进展，分析研究了主要发达国家的开展情况和发展趋势；结合我国实际情况，有针对性地开展了通名分类、通名界定规则等基础理论研究工作；针对向 SCUFN 提交地名提案的实际需要，开展了专名命名规则、提案流程、提案及图件制作等技术研究，以及提案背景数据库和支撑信息系统建设等工作，为提案的制作和提交提供了技术保障，也为我国制定海底地名命名策略和发展规划提供了信息支撑。

本书共分六章，第一章由李四海编写，概要介绍了海底地名的发展历史，相关的国际组织机构和主要海洋国家开展海底地名命名工作的情况，总结了海底地名工作的发展趋势，王琦和万芳芳完成了主要国家发展动态的跟踪研究工作；第二章由李四海编写，介绍基于海底地貌分类的海底地名通名分类体系，给出了海底地貌的分类体系和图式图例规则，张艳杰完成了海底地名图式图例的设计工作；第三章由李艳雯、樊妙编写，介绍了国际海底地名命名标准以及适合我国海底地名命名工作的通名界定和专名命名规则；第四章由樊妙、邢喆编写，介绍了面向海底地名命名的数据处理技术；第五章由邢喆编写，介绍了现有国内外海底地名信息化工作的开展情况，在此基础上，详细介绍了我国海底地名数据库和信息管理系统的建设情况；第六章由李艳雯编写，结合实例，介绍了海底地名命名提案表填写和图件制作的技术规范；附录由李四海、邢喆整理完成，介绍了现有的 SCUFN 海底地名通名，SCUFN 审议通过的中国海底地名，以及 SCUFN 历次会议的基本情况，有助于读者了解我国命名的海底地名的基本情况和 SCUFN 的发展过程。最后李四海对全书进行了统稿。

本书是在跟踪国外进展和初步总结项目研究成果的基础上编写而成的。在编写过程中得到了国家海洋局科技司副司长辛红梅、国际司权益处处长徐贺云，以及国家海洋信息中心领导的大力支持和帮助，在此一并致谢。由于时间仓促且受研究水平的限制，书中的内容难免有不够深入和不足之处，恳请读者不吝批评指正。

目 次

第一章　概　述

　　地名的命名活动几乎与人类的发展史一样悠久。地名在现实生活中无处不在，它随着社会的产生而产生，并随着人类的发展而发展。在人类社会的发展进程中，人们基于生活和生产的需要，或者为了更好地认识自然和改造自然，就需要对不同的地理实体进行识别。其最简单、实用的方法就是为形态各异的地理实体标注符号，特别是语言文字产生以后，赋予地理实体的符号，就演化为各种各样的专用名词，即地名。地名是人们工作、生活、交往不可缺少的工具，如果没有地名，会让我们在出行中迷失方向，那将是一种难以想象的场景。同时，地名也可为地理学、历史学、民族学等的研究提供丰富的资料。

第一节　地名和海底地名

一、地名的概念

　　地名是人们对具有特定方位、地域范围的地理实体赋予的专有名称，是区别不同地理实体的标志之一。现有的标准化的地名一般由通名和专名两个部分组成。其中，通名是指通用的名称部分，是识别个体地名所属类型的标志，即用来区别地理实体类别的词；专名是指专用的名称部分，是识别个体地名的主要标志。如北京市，长安街，其中，"市"、"街"为通名，"北京"和"长安"为专名。随着人类对太空和海底探测的进展，地名概念的外延也随之扩展，如人们给其他星球表面或地球海底的地理实体进行的命名。

　　如果将"地名"这一词汇翻译成英语，我们可以发现，汉语的"地名"与英语的"地名"之间，不是一一对应的关系，英语中的"地名"有多种表达方式。

如"Geographical Name"或"Geographic Name",可翻译为"地理实体名称",侧重点在地理学上的自然地理实体名称;"Place Name"或"Placename",译为"区域名称"较为合适,主要指街区名称,更倾向于人文地理实体名称;"Feature Name"是将上述两种"地名"合二为一,大多指有形状特征的地理实体名称;"Toponym",源于一个地方或地区的名称,强调人为地为一块区域命名的地名,之所以在英语中涌现出这些"地名"的同义词,说明地名定义的内涵和外延具有较强的不确定性。

二、地名的含义

首先,地名是人们赋予的,而不是本身自有或天然形成的,这种赋予从历史发展看,经历了从当地少数人使用到逐步为众人所知,直至被社会大众广泛使用,从赋予语言到文字再到数字代码,从约定俗成到标准化、法定化的过程;其次,在空间上,既包括陆地,也包括海洋和海底,随着人类对宇宙探测的进展,地名命名的空间范围逐步从地球不断向宇宙中的其他天体扩展;最后,这里所称的特定,包括特定的方位、特定的地域、特定的范围、特定的形态、特定的时间等,也就是特定的时空。

三、海底地名

海底地名是人们对海底具有特定方位、空间范围的地理实体赋予的专有名称。在海底地名命名领域,英文文献中经常出现的用词是"undersea feature names",在此对照上述分析,对这一词的译法作一简单分析,以期使之规范,避免理解上的混淆。国内学者从不同认识角度出发,给出了多种不同的译法,如"水下特征名称"、"海底特征名称"、"海底地形特征名称"、"海底地理实体名称"、"海底地理名称"等,或直接简称"海底地名",笔者认为,由于该类命名主要是基于海底地形地貌特征来进行的,而且有的文献中也写为"undersea topographic feature names"(Norman Z. Cherki,2006),因此可译为"海底地形特征名称";地名学中通常将所命名的自然对象称为地理实体,译为"海底地理实体名称"是针对具有典型地形特征的某一自然地理实体个体而言的,两者是类型与实例的关系,同时也与地名学中的概念相吻合;在日常应用中简单地译为"海底地名"也是通俗易懂的。

第二节　海底地名命名的发展历史

海底地名命名是一个相对年轻的领域。因为直至160年前，人们都一直对海底地形知之甚少。作为地理名称的一个特殊种类，海底地名是对特殊海底地形地貌特征经过科学判别和认定后对海底地理实体进行的命名，是海洋测绘和海洋航行保证中必不可少的地理要素。地名的最基本的指示功能就是方便人们彼此的往来。当今世界各国交往频繁，使用不统一的地名，会给人们在海上航行、科学研究等领域造成误解，因此地理名称的统一性和标准化具有重要意义。

在全球海洋的海底，部分海域是被海水覆盖的大陆边缘区域，剩下大部分海域则为深海底部分。海洋地质研究一般先研究的是海底地形。19世纪以前，人们以为海洋底部是没有起伏的大平原。18世纪末期至19世纪初期，随着船舶制造业、海洋探测技术、航海技术的不断发展和地质学、测绘学、制图学理论的不断完善，海底的地貌形态才逐渐被人们所发现和认知。

最早的海底地形测量始于18世纪的水文测量和19世纪海洋探险中采用的重锤单点水深测量。"挑战者"号研究船最初是用绑着铅锤的大麻绳测量海底深度。这是以自重锤碰海底至水面之绳索长度来决定海洋深度的一种方法。大约在1875年，即以钢琴丝代替大麻绳。自1920年发明声波测深法（回声测深法）以后，开始利用声波回响，测量海底深度。这种早期测深仪器，必须由人来操作。1935年之后，发明了自动回声测深仪并得到广泛使用。

19世纪后期之前，水道和海洋考察及海底电缆管道测量基本采用的是铅锤和绳索的方式，制作的水深图海底要素内容不多，因为对详细的海底地形地貌知之甚少，所以不需要复杂的地理术语，海底地名很少。然而，随着水深测量的持续增多，人类越来越需要了解复

图1-1　17—19世纪使用铅锤线进行水深测量

杂而详细的地形情况，而更复杂的科学数
据必然要求对海底地名进行精确的确认。
于是，地理学家、海洋地质学家和海洋学
家开始就海底地形的相关术语和命名问题
进行认真讨论。

1855 年，M.F. Maury 制作的北大西洋
水深图已能清楚地显示出毗邻大陆的浅台
地、通往深海的陡坡、中大西洋的较浅区域
以及加勒比海边缘的深海沟等地形特征，但
图上只标注了"Grand Newfoundland Bank"
一个海底地名（Hans Werner Schenke, 2007）
（图 1-2）。1877 年，P. Petermann 和 J.Murray
使用调查船名或人名对太平洋最深部分的

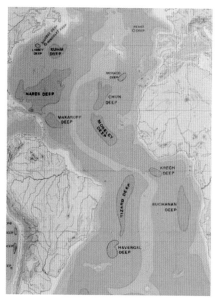

图1-2　J.Murray制作的大西洋水深图

地形特征进行了命名。1882 年，V.Neumayer 则使用周边陆地上的地名来命名海
底地理实体。后来逐渐形成了两种海底地理实体命名方法：一是由 P. Petermann
和 J.Murray 等提出的"英国命名法"，即海底凹陷特征主要采用人或船只的名字
命名，海底高原或海岭等采用陆地地名；二是 V.Neumaye 等提出的"德国命名法"，
使用附近陆地上的地名或水体名称为海底地理实体命名（Hans Werner Schenke,
2006）。

从 19 世纪末期开始一直持续到 20 世纪中叶，海上科学调查、商业捕捞和
电缆铺设等业务已经涉及海底地形，有些具有典型地形特征的地理实体已有名
称。海底地理实体往往以发现该实体的船只、著名的科学家（包括在世和去世的），
项目发起人和相邻陆地地名命名，这些地名有时并没有完全遵照陆地地名的命
名规则，有时用古怪或不适当的名称来描述某些地形特征。经过一个世纪的海
洋研究才发现海面之下还有洋中脊、海沟、海山等诸多类型的地理实体。可以说，
人们对于海底地形的关心最早源于船舶航行安全的需要，将发现的海底地理实
体进行命名并将其作为重要的标记事项记载在海图中。这个时候对海底地理实
体进行命名具有偶然性、零散性和随意性，没有系统和全面地针对命名实体、
命名程序、命名原则等事项的标准和规范。

正是由于在第 7 次国际地理学大会上发现了水深图中海底地理实体命名存在的各种问题，H. Wagner 等会后提交了有关海底地理实体命名的提案。这是第一个关于海底地理实体命名的正式提案。该提案于 1899 年 9 月 30 日被大会采纳。提案内容主要包括命名方法、命名术语、地名提案准备和水深图修订的程序等，其提出的原则、方法等沿用至今。根据该提案的建议，成立了专门的海底地名委员会，并于 1903 年 4 月 15—16 日在德国召开了该委员会的第一次正式会议，4 月 15 日也被确定为 GEBCO 的成立日。显而易见，成立该委员会的目的除了修订全球水深图之外，建立海底地理实体命名标准无疑是它的一项重要工作。

1973 年，GEBCO 被纳入政府间海洋学委员会（IOC）和国际水道测量组织（IHO）共同指导。至 1974 年，加拿大联邦共和国和美国的海底地名命名分委会已经颁布了海底地理实体命名规则。1975 年，GEBCO 成立了地理和海底实体命名分委会（Sub-Committee on Geographical Names and Nomenclature of Ocean Bottom Features），并在加拿大召开了第一届会议，主要负责全球海底地名命名的审议。该分委会在 1993 年更名为海底地名分委会（Sub-Committee on Undersea Feature Names），主要负责制定海底地名命名标准，审议有关国家提交的海底地理实体命名的申请提案。

海底地名分委会（SCUFN）在促进世界海底地名的标准化和统一化中发挥了重要的作用。按照惯例，海底地名是由沿海国海底地名委员会决定后提交给 SCUFN。SCUFN 依据《海底地名命名标准》（IHO/IOC B-6 文件）对命名提案进行审议。通过后的海底地名将被纳入《GEBCO 海底地名辞典》（IHO/IOC B-8 文件）中，供制作大洋水深图时使用。《GEBCO 海底地名辞典》是数字化目录，除坐标外，还包含有关于地理实体的属性信息。

随着海底测深等技术的发展，海洋水深测量活动越来越多，地理学家、地质学家和海洋学家开始就海底地名命名问题进行认真讨论，海底地名命名标准化也在理论和实践上得到快速发展。近年来，海底地名命名工作得到了许多国家的重视，各国参与海底地名命名工作的热情空前高涨，参加 SCUFN 会议并申报地名提案的国家越来越多，特别是日、韩等我国周边国家每年都上报提案，而且其提案有向我国周边争议海域推进的趋势。目前，国际海底地名分委会已举办了 27 届工作会议，审议通过了 3 820 个海底地名提案，迫于我国周边海域面临的权益斗争的严峻形势，我国自 2009 年起积极参与 SCUFN 活动，连续参

加了 6 届的 SCUFN 工作会议，并组织开展了海底地名命名的基础研究和提案准
备，以及对有关国外提案的应对和反制准备工作，快速缩短了与国外的技术差
距。截至 2014 年已向 SCUFN 提交并审议通过了 43 个提案。同时，我国专家在
2011 年首次当选为 SCUFN 委员，在提案审议中有了话语权，这有利于我国及
时掌握国际海底地名工作动态和发展趋势。

第三节　国际组织与海底地名命名

一、国际海道测量组织（IHO）

海底地名命名是国际海道测量组织（IHO–International Hydrographic Organi-
zation）的主要工作之一。事实上，早在海底地名命名分委会（SCUFN）成立之
前，IHO 就已经开始参与地名命名方面的调查和研究，特别是在大洋图集制作
及海洋和海底地理特征命名政策和标准研究方面开展了大量工作，为后来海底
地名命名原则和标准的制定奠定了良好的基础。

IHO 创立于 1970 年，为政府间组织，其成员为沿海国家政府。该组织前身
是成立于 1921 年的国际海道测量局（International Hydrographic Bureau, IHB），
总部位于摩纳哥。国际海道测量组织是政府间技术咨询性机构，通过协调各国
海道测量部门之间的活动，统一全球海图和航海出版物。该组织的活动是学术
性的或技术性的，不包括涉及国际政治问题的事务，它通过的技术决议均系建
议性质，无强制性，但希望成员国都来执行，以期采用可靠和有效的方法进行
海道测量，确保航海安全和保护海洋环境。现在有包括中国和中国香港在内的
82 个成员。

水深测量数据对于航海产品（如海图）的制作和诸多重要地球科学领域研
究水平的提高都具有重要作用，全球水深数据是绘制海图和了解地球系统不可
或缺的先决条件，也是海底地名命名必不可少的依据。国际水道测量组织（IHO）
通过在全球范围内采集水深数据并将数据进行分析处理和系统分类，使这些水
深数据适用于各种用户群体，尤其适用于海道测量人员、地球科学工作者以及
相关的教育科研单位。其中，通用大洋水深图（General Bathymetric Chart of the
Ocean，GEBCO）的编制工作就是 IHO 的技术项目之一。通用大洋水深图是指

覆盖世界海洋的小比例尺地形图，它是 IHO 与 IOC 共同合作的项目，旨在为全球海洋提供最为权威的、公开的水深数据集，制作并提供一系列水深资料产品。随着 GEBCO 工作的深入发展，全球海洋水深信息迅速增加，各国发现越来越多的海底地形特征，部分国家开始对这些新发现的海底特征进行命名，IHO 对地理特征命名的兴趣也进一步增强，并开始积极参与国际海洋图集及海洋和海底地理特征命名方面的工作。

二、通用大洋水深制图指导委员会（GEBCO）

1899 年，在德国柏林召开的第七届国际地理大会上，摩纳哥阿尔伯特一世亲王提出了编制通用大洋水深图的建议。但因为当时大多数国家更关心的是近岸航行海域的测量与制图，加之深海测量受到当时经济和科技水平的限制，编制涉及深水区域的通用大洋水深图受到质疑。此外，两位德国地理学家提出了编制海洋地理实体命名国际协议和系统术语的建议，于是大会决定成立一个委员会，专门负责海洋水深图的制作事宜，这便是 GEBCO（General Bathymetric Chart of the Oceans）的前身。1903 年，阿伯特亲王提议成立新的组织并予以资助，同年 4 月 15－16 日，在摩纳哥召开了第一届大会，标志着 GEBCO 的正式成立，此后 GEBCO 致力于全球水深图的制作。

联合国教科文组织（UNESCO）政府间海洋学委员会（IOC）是较早参与 GEBCO 工作的国际组织。1971 年，IOC 第七届大会把海底地形制图列入其海洋勘探和研究扩大项目（Expanded Programme of Oceanic Exploration and Research, LEPOR），是具有重要意义的八大项目之一。1973 年 GEBCO 被纳入联合国教科文组织政府间海洋学委员会（IOC）和国际水道测量组织（IHO）共同指导，同年出版了第 4 版通用大洋水深图，经过长时间的讨论，IOC 和 IHO 共同制定了全球海图系列规范，用于通用大洋水深图和海底地名集的编制工作。1974 年，开始编制第 5 版通用大洋水深图，该版以 655 幅 1∶100 万水深基础图为资料编制而成。水深基础图是由 IHO 中的 19 个成员国负责编制的，IOC 等 4 个国际组织为每张海图的编制提供了科学指导。第 5 版通用大洋水深图于 1982 年发行。

作为非营利性的国际组织，GEBCO 在人员配置上由对海底地貌制图颇有研究的世界知名海洋地质学家、地球物理学家组成，GEBCO 的工作得到指导委员会（GGC）的指导，另设有海洋制图技术分委会（Technical Sub-Committee on Ocean Mapping，TSCOM)、区域海底制图分委会 (Sub-Committee on Regional Undersea Mapping，SCRUM)、海底地名分委会（Sub-Committee on Undersea Feature Names，SCUFN）及几个特设的工作组，为其提供技术支撑。

海洋水深图集编制是 GEBCO 的主要工作之一，提供并更新最权威的、展示大洋海底地形的海洋测量数据及产品等。据 GEBCO 官方网站公布信息显示，目前关于世界海洋的数据集及产品有：网格化水深数据 GEBCO_08 版、数字化图集（GDA）、海底地名辞典、三维水深影像图、硬拷贝海图、网格展示软件等。目前，在 2008 年版基础上更新完成的 GEBCO2014 版全球海底地形网格化产品即将发布。

1982 年，GEBCO 出版了《通用大洋水深图》（第 5 版），共 18 幅图。1994 年，在此基础上，完成了经过数据更新的《通用大洋水深图》第 5 版的数字化版（GEBCO Digital Atlas，GDA），并制成光盘分发，数字产品的更新周期较短，1997 年和 1999 年又做了两次更新出版。GDA 中主要包括全球 30″ 和 1′ 网格的水深数据、全球数字等深线和海岸线、地名辞典和数据读取和显示软件等内容。

由于各国采用不同的标准和语言，各国制作的大洋水深图中的海底地名也呈现出多种多样的形式，不利于航海安全及海洋科学考察。因此，迫切要求海底地名通名应具有一致性，并确保命名符合统一的国际标准。为此，1983 年，GEBCO 第 9 次会议要求制定一部海底地名辞典，用于 GEBCO 第 5 版图集和 IHO 小比例尺（1∶2 250 000 及更小）系列海图。为此，编制了《GEBCO 海底地名辞典》。该辞典分为两部分：第一部分是用于 GEBCO 和国际海图系列的海底地理实体地名辞典；第二部分为海底地名命名标准，包括海底地名命名标准指导原则和一般特征的相关术语及其说明。目前，第二部分已被纳入 IOC-IHO B-6 文件，作为各国海底地名命名工作的首选标准和指南。

三、国际海底地名分委会（SCUFN）

国际海底地名分委会（SCUFN）是由政府间海洋学委员会（IOC）和国际海道测量组织（IHO）共同支持设立的半官方专业组织，是当今海底地名领域唯一的国际组织，具有较高的权威性和国际影响力。SCUFN 秘书处设在摩纳哥的国际水文局（IHB）。SCUFN 的目标是制定海底地名标准，统一海底地名规则，从而保证全球水深图和海图地名命名的一致性。

20 世纪上半叶，海底地名命名工作主要由 IHB 负责；"二战"之前和期间，由物理海洋学会的海底地名和标准委员会及 IHB 共同负责；"二战"之后，海底地名命名工作由在 1948 年第 8 届 IUGG 大会上成立的"海底地名国际委员会（International Committee on the Nomenclature of Ocean Bottom Features）"负责；在 1974 年召开的 GEBCO 第 5 次编图大会上，成立了 GEBCO 地名分委会（GEBCO Sub-Committee on Geographic Names, GEBCO SCGN），并在 1993 年更名为海底地名分委会（Sub-Committee on Undersea Feature Names, SCUFN），专门负责此项工作至今（R L Fisher, 2003）。

SCUFN 的主要任务是建立科学合理的国际海底地理实体命名体系，为 GEBCO 1∶10 000 000 水深图及电子图集、国际水深图项目（IBC）中的区域 1∶1 000 000 水深图，以及不大于 1∶2 000 000 的国际图（INT charts）等选择适于标注的海底地名。SCUFN 审议通过的地名，经 GEBCO 指导委员会批准后纳入 GEBCO 海底地名辞典。目前该委员会由来自 IHO 和 IOC 成员国的 12 名专家组成，依据 SCUFN 的职责（Terms of Reference, ToR）和程序规则（Rules of Procedures, RoP），基于 GEBCO B-6 文件《海底地理实体命名标准》，以公平和不带政治偏见为原则，审定各国提交的海底地理实体名称、地理位置和元数据信息，为通用大洋水深图选择合理的海底地名，并建立国际海底地名辞典（GE-BCO B-8 文件）（Hans Werner Schenke, 2006；IHO-IOC, 2008；IHO-IOC, 2011）。

1977 年，IHO/IOC 出版了 B-6 文件《海底地名命名标准》，当时包含了 39 类地形特征，后来参照 ACUF 的术语标准进行了扩充，现在包括 44 个地形特征类型。目前，SCUFN 依据 IHO/IOC B-6 文件，对各国提交的海底地名提案进行评估和审议，通过审议并被采纳的海底地名将写入 IHO/IOC B-8 文件，即《GEBCO 海底地名辞典》中。

《GEBCO 海底地名辞典》是海底地名的电子目录，包括了地理实体名称、位置坐标及相关属性信息等。该辞典可直接用于 GEBCO 数字水深图或其他世界大洋水深图的制作，也可用于地理信息系统或为互联网地图提供服务，目前 Google Earth 中已标注了该辞典中的海底地名。

第四节　主要海洋国家海底地名命名工作进展

随着水深测量和海底地形调查技术的进步，人们发现了大量的海底地形特征和地理实体。截至 2014 年 5 月，《GEBCO 海底地名辞典》中包含的海底地理实体名称已达 3 820 个（实际现有的海底地名远不止这个数字，因为该辞典中的地名只用于标注 1 : 2 500 000 或更小比例尺的全球水深图），但与数以百万计的陆地地名，甚至与南极洲现有的 3 万多个地名相比，其数量与海洋占地球 70.8% 的面积相比仍很不相称。

造成这种情况的原因可能是科学家对海底地名不感兴趣或不够重视，但也从侧面反映出人类对海底的基础研究仍然非常薄弱，对海底的科学认识也相当缺乏。因此，SCUFN 及其成员国应极力鼓励海洋和水文学家们对新发现的海底地理实体进行命名，在通过本国地名机构或 SCUFN 审议通过后，尽快推广使用。过去 20 多年以来，海底地名工作得到了世界各国海洋研究机构和科学家的普遍重视和积极参与，各国对于海底地名命名工作的关注度越来越高，因为看似仅仅是一项科学工作的海底地名命名实际上与命名国家的海洋权益息息相关，具有重要意义。

本节介绍美国、俄罗斯、英国、日本、韩国等国家的地名相关专业机构以及开展的海底地名命名工作情况。

一、美国

美国是一个海洋大国，在海洋探测、水下通信、深海矿产资源勘探和开发等方面都保持着世界领先地位。美国还确立了海洋调查的国家战略，建立了统一的国家海洋观测系统；联邦政府对民间海洋调查事业提供支持，包括支持深海底热液矿床的研究、热带海域等地理区域的研究，以及未发现的深海生物种群的探查研究；加大投入开发新的观测设施、技术和方法；扩充深海和大洋观测能力，并利用人造卫星进行辅助观测。在海底地名命名方面，美国很早就制定了比较完善的命名程序、政策和指导方针，处于世界领先地位，其技术和经验值得其他国家学习和借鉴。

1. 美国地名委员会

美国早在 1898 年就成立了美国地名委员会（Board on Geographic Names，BGN），并于 1947 年通过国会法案，确立了美国地名委员会的组织形式。美国地名委员会（BGN）由国内地名委员会（Domestic Names Committee，DNC）和国外地名委员会（Foreign Names Committee，FNC），以及海底地名咨询委员会（Advisory Committee on Undersea Features，ACUF）组成，主要负责地名标准化和应用工作。BGN 的成员由 9 个相关的联邦部门人员组成，国防部制图局（DMA）为国外地名委员会（FNC）和地名咨询委员会（ACUF）提供人员支持。

2. 海底地名咨询委员会

海底地名咨询委员会（ACUF）成立于 1964 年，主要从事海洋地名标准化工作，作为美国地名委员会（BGN）的咨询委员会，处理日渐增多的海底地理实体命名工作。美国很早开展了海底地名命名标准化工作。1953 年，确立了地名命名的指导方针，并于 1966 年进行了修订，又于 1970 年、1978 年和 2005 年再次进行了修订。美国地名委员会的《海底地名标准化政策和指导方针》于 1999 年 4 月 6 日获得美国地名委员会海底地形咨询委员会通过。主要内容包括通则、地名命名原则和命名程序等，通则和地名命名原则中的大部分内容被 SCUFN 引用，并体现在 B-6 标准中。

3. 美国海军海洋学办公室

美国海军海洋学办公室（Navoceano）成立于 1960 年后期，取代美国海军水文局。美国海军海洋学办公室认为需要建立海底地名名录，随后将所有已知的海底地名纳入到原始数据库中（以当前的标准来看），并对数据进行编码。从 1969 年开始一直持续至 1990 年，美国地名委员会海底地名咨询理事会定期出版《地名辞典》，以字母和地域排序。1990 年后，美国政府认为电子数据文件可以取代成本昂贵的纸制印刷的地名辞典，因此美国地名委员会（BGN）不仅停止出版海底地形咨询委员会（ACUF）的纸质《地名辞典》，截至 1999 年，还停止了其他所有的国内和国际出版印刷的《地名辞典》。目前由美国地质调查局国家测绘部负责维护美国国内地名数据库，而其他所有地名，包括全球的、美国专属的国内名称和南极洲地名，则通过美国国家地球空间情报局（NGA）（前身

NIMA——国家图像和制图局和较早的 DMA——国防制图局）以地图和出版物的形式提供给公众。

4. 美国的海底地名命名工作

美国海底地名咨询委员会（ACUF）与 SCUFN 有着密切的工作关系，ACUF 积极参与 SCUFN 命名工作，SCUFN 在标准制定等方面也借鉴了 ACUF 的大量经验和成果。美国海底地名咨询委员会每年约召开 5 次会议，审议美国领海内及国际水域的海底地名，至今已举行过 330 多次会议。出于尊重一国领海主权的考虑，ACUF 不对一国 12 海里内或附近海域进行海底命名，对国外地图上的地名，如果没有科学问题，并不与 ACUF 的命名规则相冲突，ACUF 将承认该名称，对有疑问的地名，ACUF 将对其作进行标注和科学验证。美国地名数据库（GNDB）现共收录了 9517 个海底地名（Norman Z Cherki, Trent C Palmer,2008；http://earth-info.nga.mil/gns/html/index.html）。目前，SCUFN 在对各国提交的新的地名提案审查前，要先通过 SCUFN 和 ACUF 的数据库对新的提案进行重复性审查。

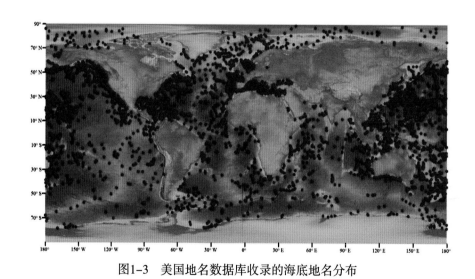

图1-3　美国地名数据库收录的海底地名分布

二、俄罗斯

俄罗斯是世界上领土面积最大的国家，海岸线绵长，东濒太平洋，西接波罗的海，北临北冰洋，南到黑海之滨。从 18 世纪的彼得大帝时代，俄罗斯逐渐形成了一个崇尚海洋、重视发展海上力量、不断进行海洋测绘和考察的海洋大国，对世界海洋研究中的海底地形研究和各阶段的制图都作出了巨大贡献。

1. 俄罗斯地理学会

十月革命前，俄国的地理名称由沙皇亲自批准，所有的大型海洋探险由俄政府发起或由 1845 年成立的俄罗斯地理学会发起。学会组织会议对考察结果和对新发现对象拟命名的地理名称进行讨论。

2. 俄罗斯科学院

十月革命后，俄罗斯科学院开始负责审议地理名称的命名。俄罗斯科学院于 1724 年在圣彼得堡成立。1917 年俄国十月革命胜利后，科学院成为国家科学组织，并于 1925 年更名为苏联科学院。1991 年苏联解体，苏联科学院重新更名为俄罗斯科学院。现在，俄罗斯科学院是直属国家的高级科学机构，是俄罗斯联邦的最高学术机构，是主导全国自然科学和社会科学基础研究的中心。

俄罗斯科学院 P.P. 希尔绍夫海洋资源研究院是在 1941 年建立的海洋资源研究实验室的基础上，于 1946 年 1 月 31 日成立的，主要职能是开展海洋资源理论研究、海洋与大洋中物理、化学、生物学和地质学过程作为一个相互关联的整体的综合研究。它的第一艘科学考察船"Vityaz"号一开始在远东海域进行全面探测，很快就进入辽阔的太平洋和印度洋，完成了在大西洋的光荣探险。在探险过程中，考察队发现了大量的海底地形形式，对其进行研究、命名并标记在地图上。随着时间的推移，研究所拥有了一支舰队，对全球海洋研究作出了巨大贡献。现在，"Vityaz"号停泊在加里宁格勒港，成为世界海洋博物馆的一部分。

回声测深仪在探险中的应用，大大增加了所发现的水下地理实体的数量。这个时期可以被简单地称为海洋大发现时代。在此期间发现了海山、海槽等水下地形的主要形式，并且确立了大洋中脊的统一体系和跨越中脊的转换断层。截至 20 世纪 80 年代，开放海洋中的地名数量已有 1 000 多个。截至这一时期，众多的水下大型地理实体得到了命名，如北极盆地内的 Gakkel 海脊、Lomonosov 海脊、Mendeleev 海脊，太平洋中的 Shirshov 海脊、Obruchev 海脊、Shatskiy 海脊、Bogorov 海脊，以及大西洋中的 Knipovitch 海脊等都是由俄罗斯命名的。

3. 跨部门地名专家委员会

1948 年，国际海底地名命名委员会受国际组织委托首次讨论开放洋底名称的选择问题，并准备了相关列表，然后起草并协商海底地名命名的原则。当时，大多数国家还没有这类团体，而是由负责海洋研究的部门开展相关工作。1966 年，苏联成立了海底地名命名组织——跨部门地名专家委员会（the Inter-departmental Commission of Experts of the Geographic Names），成员包括来自俄罗斯科学院、重要的航海和海洋学部门、制图部门、交通部、运输部以及其他有关部门的代表。目前，俄罗斯海底地名都是由政府依据该委员会的建议进行审批。

4. 俄罗斯海底地名命名的历史和现状

俄罗斯一直积极致力于海洋方面的研究，并已对世界海洋研究中的海底地形研究和各阶段的制图工作作出了巨大贡献。1668 年，J. Strujs 为里海制作的海图是俄罗斯第一张手绘带有水深标识的地图。彼得大帝发起对水域的系统研究、陆地测绘和调查工作。1696 年，俄罗斯开始建立海军。1701 年，设立了海军学院。1705 年建立 V.A. Kipriyanov 印刷厂进行海图印刷。1718 年成立的海事管理委员会指导俄罗斯的水文工作。相比较而言，法国的水文服务机构则成立于 1720 年，英国与荷兰是 1737 年，美国则在 1830 年，都晚于俄罗斯。

19 世纪初，海洋考察活动增多，出现了测深设备。许多航行都开始进行水深调查，但数据积累缓慢。测量一次深度需要几个小时的时间。俄罗斯人 M.F. Moury 依据 180 次的测量结果，在 1853 年制作了第一张北冰洋水深图，但由于数据不足，图中只能显示出水下地形的一般轮廓。19 世纪后半叶，不同国家开展电缆铺设和海洋考察使水深数据快速累积，尤其是"挑战者"号在 1872－1876 年间所作的考察，测量约 500 次水深值，对海底研究作出了巨大贡献。

于 19 世纪末制定的全球大洋测深图提出关于全球大洋深度水平和分布的最初概念并显示出主要海底地形形式。他们依据的是约 6 000 份测量结果，这些测量在数据说明中有所不同。在这份测深图中有一份是由俄罗斯学者 M.A.Rykachev（1881 年）所绘制的具有岛屿名称和深度的海图。

第二次世界大战后，海洋学研究考察的次数大大增加。自此，研究活动不仅限于水文服务工作，也包含科学考察以及研究海底生物和地质资源的探险活动。在俄罗斯，这类探险活动通过水文局、科学院、渔业部和自然资源部（原地质部）的船只进行。俄罗斯于 1718 年成立了专门的水文测量机构，十月革命之前，大规模海洋调查由政府或俄罗斯地理学会组织，海底地理实体命名由该协会讨论确定，革命之后由俄罗斯科学院负责，并于 1966 年成立了由相关海洋机构专家组成的海底地名委员会，目前俄罗斯海底地理实体的命名由该委员会推荐并报政府审批。

俄罗斯很早就有专家作为 SCUFN 的委员，并提交了大量的海底地名提案，目前在《GEBCO 海底地名辞典》3 500 多个地名中有 300 个由俄罗斯命名（Dobrolyubova K.O., G.V.Agapova, N.N.Turko, 2008）。

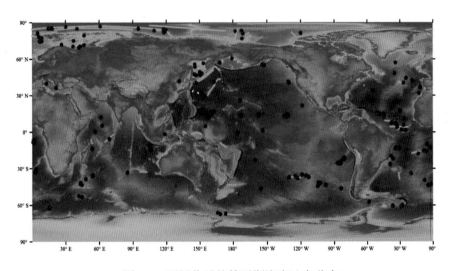

图1- 4　国际收录的俄罗斯海底地名分布

三、英国

英国地处欧洲西北部，海岸线曲折，总长约 11 450 千米，其间良港密布，近岸海域油气、渔业等海洋资源非常丰富。长久以来，海洋对英国政治、经济和社会发展作出了重大贡献，英国也对海洋的开发和保护给予了充分重视。在海洋水文调查、海图绘制、海洋地理实体命名工作方面，英国起步也很早，并通过英国水道测量局、英国海洋资料中心和英国地名永久委员会等机构，积极参与海底地名命名工作。

1. 英国水道测量局

英国水道测量局（United Kingdom Hydrographic Office, UKHO）为英国政府

组织，隶属国防部，负责提供航海及其他水文地理信息，为国防及民用需求服务。UKHO的主要职责是根据《国际海上生命安全公约》(SOLAS)第五章第9款规定，负责履行英国的协议义务，为英国国家管辖水域提供海道测量服务；为英国武装力量在全球范围的军事行动提供海道测量方面的支持，维持并提高英国海道测量能力和灵活性，满足国防部在和平时期、危机或战时的需求；为用户提供随时可用的水道测量信息和服务；向其他国家（特别是英联邦国家）提供技术援助。

在海底地名命名工作方面，英国是国际水道测量组织（IHO）的创始成员国之一，在其各委员会和地区海道测量委员会中扮演了十分重要的角色。作为IHO在英国的联络办公室，UKHO主要通过在IHO数据中心存放用于数字大洋水深图的数字水道测深数据来为通用大洋水深图（GEBCO）和国际海底地形图（IBC）项目提供服务。

2. 英国海洋资料中心

作为GEBCO的合作组织，英国海洋资料中心（British Oceanographic Data Center, BODC）负责维护和提供GEBCO电子图集（GEBCO Digital Atlas, GDA）。《GEBCO海底地名辞典》是GDA数据集的一部分，因此BODC同时负责该辞典的维护和运行，主要工作包括：更新辞典版本；通过网络提供数据集；以更符合地理信息系统要求的格式，如Shapefile和keyhole等格式向用户提供数据集。

BODC与美国地球物理资料中心（NGDC）和IHO共同合作，创建了专用数据库来保存辞典数据，并采用辞典重组软件对数据集进行质量控制，提高《GEBCO海底地名辞典》数据的管理和服务。该数据库可直接用于GEBCO电子图集，并扩展了NGDC所开发的基于网络的互动地图原型的应用范围，可用于海底地名资料的网上提交，并用于Google Earth上海底地名的显示。IHO将继续维持《GEBCO海底地名辞典》的现有格式，并定期将更新和变化情况报知BODC，BODC接收到更新过的电子数据之后，即可通过相应软件确定现有版本和新版本之间的不同，据此修改数据库内容，并向海底地名命名委员会进行反馈。

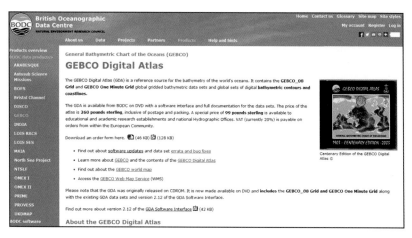

图1-5　英国海洋资料中心GDA服务

3. 英国地名永久委员会

英国地名永久委员会（PCGN，Permanent Committee on Geographical Names for British Official Use）为英国部门间机构，成立于1919年，成员包括：英国外交和联邦事务部、情报收集中心、英国广播公司、政府通信总部、英国水道测量办公室、英国地形测量局、皇家地理协会和苏格兰皇家地理协会。主要职责是就英国领土之外的地名命名的政策和程序向英国政府提出建议。具体包括：确定并通过国外地名名称的书写原则，包括确定地名的书写形式；制定、维护、传播和促进依据上述原则制定的政策；向英国政府提供相关地名服务；代表英国政府参加两年一届的联合国地名专家组会议和每5年一届的联合国地名标准大会；通过每年一度的美国地名委员会 / 英国地名永久委员会会议，与美国地名委员会政策保持一致；与联合国地名专家组和美国地名委员会协力制定地理命名的适当标准；与相关组织，如英国南极地名委员会和英国标准研究所保持密切合作。

四、新西兰

1. 新西兰名誉地理局

1924年，国土部长批准组建地理局，裁决一切有关新西兰地名和地貌名称的问题。作为新西兰第一个地理局，新西兰名誉地理局缺乏必要的权力来执行其决定，仅仅以提供咨询建议的方式来工作。1946年，现在的新西兰地理局在目前已废除的《1946 年新西兰地理局法案》下建立起来，目前是依据《2008 年新西兰地理局法案》开展工作。

2. 新西兰地理局

新西兰地理局是政府法定机构，依据《2008 年新西兰地理局法案》开展工作。地理局负责新西兰官方命名，包括其领海和近海岛屿、大陆架海底地形、南极罗斯海地区。还负责审查和批准由保护部门管理的皇家保护区（Crown Protected Areas）的命名。

3. 新西兰海底地名命名现状

新西兰在 2008 年成立了海底地名委员会。该委员会审议了已出现在新西兰海图、地形图、科技论文等资料中的 857 个位于新西兰外大陆架和罗斯海之内的海底地名，其中有 360 个位于其领海范围内，对于审议通过的海底地名将作为今后官方认可的海底地理实体名称。该委员会同意接受已列入《GEBCO 海底地名辞典》中的全部海底地名（除12 个需要补充调查的地名之外），对于 12 海里以外的已审议通过的海底地理实体名称将提交 SCUFN 审议，力争列入《GEBCO 海底地名辞典》（Vaughan Stagpoole, 2010）。

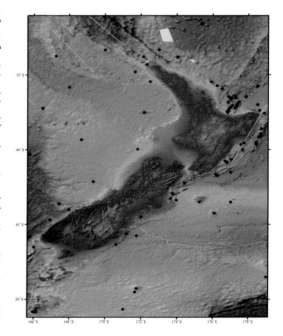

图1-6 国际收录的新西兰周边海底地名分布

五、日本

日本是开展海底地名命名较早的国家。早在 1966 年就成立了专门负责海底地名命名的正式机构，而且日本在本国周边海域以及全球大洋都开展了大量的海洋调查，拥有非常丰富和详细的海底地形资料，这为海底地名命名工作的开展创造了条件。

1. 海底地名委员会（JCUFN）

日本也较早开展了海底地理实体命名工作。1966 年日本水道测量局（JHD, Hydrographic Department of Japan）组织成立了由相关海洋组织机构组成的海底地名委员会（JCUFN）。该委员会是一个非官方的咨询机构，由日本海上保安厅、渔业局、气象局、海洋科技中心、东京大学海洋研究所等单位组成，主要负责日本邻近海域海底地名的标准化工作。该委员会几乎每年召开工作会议，并积极开展与 SCUFN 的合作，推广所命名的地名在国际上的应用（Kunio Yashima, 1999）。在日本国内，海上保安厅海洋情报部作为主管日本海底地名命名事务的部门，组织由相关机构和专业人员组成的"海底地名命名研究会"，对日本国内的海底地名进行审议。日本国家海底地名命名分委会（JCUFN）负责日本在领海以外海底地名命名方面的主要工作，包括调查、命名、递交提案等。

2. 日本海底地名命名现状

作为岛国的日本有着强烈的海洋意识，非常重视开展海洋调查和海底资源的勘测工作，拥有海底地名命名所需的非常详尽的海底地形资料，而且日本科学家在海底地形、地貌和地质等方面做了大量的基础性和系统性研究工作，为海底地名命名工作打下了坚实的基础。

1966 年日本海上保安厅组织成立了由相关海洋组织机构组成的海底地名委员会。该委员会是一个非官方的咨询机构，由日本海上保安厅、渔业局、气象局、海洋科技中心、东京大学海洋研究所等单位组成，主要负责日本邻近海域海底地名的标准化工作。该委员会几乎每年召开工作会议，并积极开展与 SCUFN 的合作。从 1999 年起就一直有专家作为 SCUFN 委员参与分委会工作，由 SCUFN 报告统计，从 2006 年起，日本每年都以日本地名委员会（JCUFN）的名义提交提案，至 2014 年已提交 86 个提案。日本的提案大部分位于太平洋公海海域，近几年大部分提案集中在菲律宾海，从提案的质量上可以看出，日本在该提案区域都做了大量的基础调查和深入的研究工作，提案质量好，通过率极高。另外，日本于 2012 年第 25 次 SCUFN 会议和 2013 年第 26 次 SCUFN 会议上分别提出了 5 个和两个位于冲绳海槽中线以东的海底地名提案，中方代表认为由于中日东海海洋并未划界，这些提案位于中、日专属经济区主张范围的重叠区内，建议 SCUFN 不予审议，但主席按照 SCUFN 的提案审议规则（即主体位于一国领海 12 海里之外的地理实体均可提交 SCUFN 审议），没有接受中方的反对意见。

此外，日本海上保安厅建立了一个日本周边海底地名数据库，用户可以通过网络进行查询，也可以下载包含所有海底地名的 Excel 电子表格。日本海底名录基本情况见表 1-1 和图 1-7。

表1-1　JCUFN《海底地名名录》基本情况

	基本概况
研究历史	1966年由日本海上保安厅组织海洋相关机构开始日本周边及太平洋海域海底地名命名工作
	2000年，成立了日本海底地名委员会（JCUFN），负责征集、审议和提交日本周边及太平洋海域的海底地名命名
数据库	基于Excel的海底地名名录对外公布
	海底地形特征名称在线查询系统
地名记录	1 362个
时间范围	1966－2013年
地理范围	北纬0°－50°，东经85°－179°59′
网址	http://www1.kaiho.mlit.go.jp/KOKAI/ZUSHI3/topographic/topographic.htm

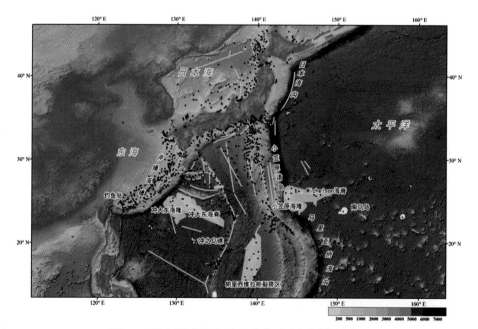

图1-7　日本周边海底地名分布（含国际收录）

另外，因岛屿主权争端，日本与有关邻国在海底地名命名方面也存在争端。如因独岛主权争议问题引发了与韩国就独岛附近海域海底地名冠名权之争。双方都坚持用本国语言为独岛附近海底地名冠名，并提交国际海道测量组织（IHO）有关会议定名。表面看双方争论的是海底地名命名权，实际上是直接涉及了岛屿主权和海洋权益归属问题。

六、韩国

早在 20 世纪 90 年代，韩国国家海洋研究所（NORI）就对半岛周边海域进行了全面深入的海洋调查，并在海洋事务与渔业部的组织下开展海底地名命名工作。实际上，韩国从 20 世纪 50 年代起就开始重视与海洋地形有关的科学考察与地名标准化工作。1952 年，韩国国家海洋研究所就出版了第一张航海图，并在不断补充和修订后多次发行。该航海图包含了国家海洋研究所发布的海图、航海出版物、航行通告中的一些信息，以及在水文调查、海洋及航行调查中搜集的数据。近年来，韩国积极参与国际海底地名命名工作。

1. 海洋地名委员会

2002 年 7 月韩国成立了海洋地名委员会（KCMGN），负责海底地名命名的有关工作，成立之后就集中审议通过了 74 个新的海底地名命名，并着手制定相关的标准规范，于 2004 年 11 月发布了《海洋地名命名指南》。该委员会自成立以来，在国内以及国际层面开展了一系列关于海底地形的调查、确认和命名工作。2006 年韩国专家当选 SCUFN 委员会委员（Hyo Hyun Sung, 2006）。根据其官方网站公布的信息，该地名委员会致力于海洋地名的标准化工作，解决因地名使用不当所产生的问题，消除因海洋地名使用的不标准、重复、不明确所产生的大量混淆问题。其职责主要包括：开展与海洋地名有关的调查与研究；推动海底地名的标准化和统一；促进标准化地名在国内、国外的使用，以保证其国际影响力并维护国家海洋利益。

2. 韩国海底地名命名现状

韩国非常重视海底地名命名工作，制定了专门针对海底地名命名的宣传计划，并设立了与海底地名命名有关的教育项目。宣传计划的目的是促进 KC-

MGN/SCUFN 海底地名标准的使用，提高公众意识。KCMGN 通过获取和收集使用海底地名用户的需求信息及反馈意见推动和完善韩国海底地名命名工作。

2002—2006 年，韩国海洋地名委员会共将 74 个新的海洋地名（包括海岛和海底地名）收入到国家官方地名集。2004 年 11 月，委员会出台了海洋地名标准化指南。2005 年 11 月，韩国海洋地名委员会为 18 个海底地理实体命名，目前被 SCUFN 采纳的地名包括可居礁、海鸥礁、鸟颚礁、济州海底溪谷、蔚山海底水道、竹岩海底隆起、牛山海底隆起、王石礁等，其中，日向礁是黄海的水下暗礁，处于中韩主张的海洋专属经济区重叠区内，被韩国改名为可居礁（Gageo Reef），新名"可居"暗藏着深谋远虑，体现了韩国要在日向礁驻人的企图，近来，韩国又为日向礁编列了地址："全罗南道新安郡黑山面可居礁"。可居礁在 2008 年通过 SCUFN 审议，且已载入全球海底地名集，这将对今后我国与韩国的海上权益斗争产生不利影响，埋下隐患。另外，自 2005 年开始，韩日就针对双方提交的争议海底地名引发了外交之争。

图1-8　国际收录的韩国海底地名命名分布

韩国多年来一直积极参与 SCUFN 工作，从 2005 年至今，每年都有数个提案提交 SCUFN 审议，提案的准备工作细致，资料完整，取得了较高的通过率。另外韩国承担了 SCUFN 提案网上申报系统的开发工作，已基本达到设计技术要求，即将投入正式运行。

第五节　国际海底地理实体命名研究的发展趋势

一、国际交流日益增多，提案标准化程度普遍提高

随着经济社会全球化进程的加快，海底地名在航行、科考、学术交流等工作中的应用显著增多。近年来，随着各国对海底地名工作的重视，许多国家开始加入到海底地理实体命名工作之中，海底地名工作的国际影响力也明显提升。从例年SCUFN会议的情况看，参与海底地名工作的国家越来越多，地名提案的数量也有了较大的增加，会期也逐渐从1天延长至3天或4天，以至到目前的5天，而且从2001年起，会议由每两年召开一次，改为每年一次，会议召开的地点也突破了以往固有的几个海底地名工作大国，而开始转到了新兴的海底地名研究国家，如2011年9月在北京召开了SCUFN第24次工作会议，来自美国、俄罗斯、德国、法国、新西兰、巴西、日本、韩国、印度、巴基斯坦、中国等10多个国家的代表参加了会议，我国首次向SCUFN提交的7个位于太平洋海底的地理实体命名提案获得通过，截至2014年我国已有43个海底地名被收录到《GEBCO海底地名辞典》中，扩大了我国海底地名工作的国际影响。

在此背景下，为了统一规范海底地名命名工作，SCUFN对参与国在提供命名所需的资料依据、制图标准等方面，对海底地名命名的标准化工作提出了更高的要求，因此，制定与国际接轨的国内海底地理实体命名标准已成为各国工作的一个重点。

目前，从各国向SCUFN提交的地名提案资料来看，基本都遵循了SCUFN提案制作技术指南的要求，并按照统一标准提交提案表格、实体等深线地形图、测量的测线图、断面图以及三维图等资料，能够比较全面地反映实体的地形特征，为提案的审议提供了技术依据。

二、应用先进探测技术和多源数据，认知水平明显提高

随着多波束测深和卫星探测技术的发展，人类可以获得更高分辨率和更加精确的海底地形数据，同时对海底微地貌形态的认识也越来越清晰。据西班牙《阿贝赛报》网站2014年10月3日报道，美国斯克里普斯研究所的研究人员利用

欧洲航天局"Cryosat-2"卫星和美国"Janson"卫星所提供的数据，以及新的信息模型，绘制出了迄今为止最详尽、最精确的海底地图，比 20 年前完成的上一版地图的详细程度高出了一倍。研究人员利用新版地图发现了大量此前未知的海底山峰，而且许多以前无法观测到的地貌特征信息也很清晰地出现在了地图上，这为深入考察海底构造和地球物理过程打开了一个窗口。当然，利用这些最新的高精度数据也可以对海底地理实体进行更为细致的类型划分，为海底地理实体命名的精细化创造了条件。

GEBCO 的海底地名分委会（SCUFN）制定了海底地形特征识别和地理实体命名的技术标准，但目前对地理实体特征的界定主要是依据地貌特征，没有考虑到实体的发育和结构等特征。随着海底地形、卫星探测、海洋重力、磁力、地震测量等调查手段的应用，为从地理实体的整体结构、海底构造、海底沉积、岩石特性等方面深入开展海底地质和地球物理学研究提供了数据支撑，也为更加科学地认识和深化研究海底地理实体特征创造了条件。例如，从成因上，可将海山分为海底火山喷发形成的火山型海山或海底地壳构造运动生成的构造型海山或其他类型的海山；从分布位置可以将海沟分为位于大陆边缘带或岛弧带的深海海沟等（Gleb B.Udintsev, 2006）。多源数据的综合应用和解译，不仅能够更精确地分析识别海底地形特征，更准确地对地理实体进行命名，而且可以极大丰富水深图的信息内容，提升地质、地球物理学数据综合分析和应用的水平。

三、向争议海域延伸，与海洋权益的关联越来越紧密

根据 SCUFN 规则，处于一国领海以外海域的海底地名提案均可提交 SCUFN 审议，海底地名通常由一国确定命名提案后，经 SCUFN 审议通过后收录到《GEBCO 海底地名辞典》，为世界共同使用。但在处理国际事务中，有"名从主人"的惯例，在特定情况下，地名往往体现了一个国家的领土主权，在处理领土纠纷过程中，各国为了维护主权和领土完整，都把自己对边界地理实体的命名作为拥有主权的有力证据来使用，在国际关系中，因地名引发的政治和外交问题不胜枚举（http://baike.baidu.com/view/37584.htm）。根据《联合国海洋法公约》，沿海国对专属经济区和大陆架海底自然资源享有勘探、开发和管理的主权权利，因此，在专属经济区和大陆架管理范围尚存争议的海域进行海底地理实体命名，将为国家间的海洋划界带来不利影响。正是基于上述原因，

近年来海底地名命名有向国家间争议海域发展的趋势，潜在目的在于争取对该海域的专属权利，并为解决国家间海域纠纷提供可能的证据支持。比如，韩国在 2007 年就向 SCUFN 提交了 10 个日本海的海底地名提案，使日、韩之间关于日本海（东海）的命名之争又趋激烈；2008 年韩国又向 SCUNFN 提交了 8 个位于其西部的黄海海域的海底地名并获得通过，其中就包括位于中、韩专属经济区重叠水域黄海大陆架上的"日向礁"，被其更名为韩国地名"可居礁（Gageo Reef）"，以证明其为韩国"领土"，并在上面建立了所谓的"科学研究基地"（http://ks.cn.yahoo.com/question/18233733.html）。

在近几年的 SCUFN 会议上，也出现了某些国家在争议海域提出的地名提案，如 2012 年、2013 年第 25 次、第 26 次会议上，日本先后共提出了 7 个位于冲绳海槽中线以东的海底地名提案；2013 年韩国也提出了两个位于中、韩黄海专属经济区主张重叠范围内的海底地名提案，尽管中方代表均提出了反对意见，SCFUN 仍依其审议规则作出命名区域为非政治敏感区域的判断，通过了上述提案。另外，在 2012 年的第 25 次会议上，英国提出了位于马尔维纳斯岛附近的地名提案，阿根廷代表也提出了反对意见，SCFUN 也依其审议规则作出命名区域为非政治敏感区域的判断，通过了提案。

目前，SCUFN 的审议规则对是否为政治敏感区域并没有给出明确的判断标准，往往简单地以离国家陆地的远近作为判断的依据，忽视了不同地区历史上存在的争议等问题，这些岛礁的命名可能会为日后国家间海洋划界增添新的复杂因素。

四、应用信息管理技术，深化海底地名信息服务

随着地理信息、数据库和互联网技术的发展，许多国家，如美国、英国、意大利、日本、韩国等，都建立了海底地名数据库，通过管理系统将海底地理实体的通名与专名、地理位置和范围、几何特征点、相对高度或深度、绝对深度等地形特征属性信息进行集成，实现海底地名数据的管理与信息服务。近年来，SCUFN 也加强了地名信息的管理和应用工作，如建立了海底地名数据库，用户申报新的地名提案前可以先通过查询 SCUFN 和美国 ACUF 的海底地名数据库进行排重；开发了海底地名信息网上查询显示系统，可以查询各个海底地名的提案人、提案时间、专名由来、地理位置、地形特征信息等；开发了地名提案

申报系统，实现地名提案的网上申报。我国也开展了海底地名数据库及管理系统的建设工作，集成了 SCUFN 和 ACUF 海底地名数据库及海底地形等相关数据，为地名提案的准备提供了数据和技术支撑。

参考文献

褚亚平, 尹钧科, 孙冬虎. 2009. 地名学概论. 北京: 测绘出版社.

地名, 百度百科 [EB/OL]. http://baike.baidu.com/view/37584.htm.

金翔龙, 等译. 2009. 海洋地球物理. 北京: 海洋出版社.

李四海, 邢喆, 李艳雯, 等. 2012. 海底地理实体命名研究进展与发展趋势. 海洋通报, 31(5): 594-600.

庞森权, 刘静, 田硕. 2010. 地名标准编制概论. 北京: 中国社会出版社.

日向礁. 中国雅虎知识堂. http://ks.cn.yahoo.com/question/18233733.html.

ACUF. UF_GAZ_Oct13[EB/OL], http://earth-info.nga.mil/gns/html/index.html.

Dobrolyubova K O, G V Agapova, N N Turko. 2008. Russian undersea features names—the memory about discoveries and people.The third international symposium on application of marine geophysical data and undersea feature names, Jeju, Korea.

Fisher R L. 2003. GEBCO's role in sea floor terminology//The history of GEBCO 1903—2003. E Carpine-Lancre, et al. GITC bv,Lemmer ,the Netherlands.

Gleb B Udintsev. 2006. Importance of generic characteristics for naming undersea features. The first international symposium on application of marine geophysical data. Seoul, Korea.

Hans Werner Schenke. 2007. Undersea feature nomenclature and terminology: in the past and today. The second international symposium on application of marine geophysical data and undersea feature names, Incheon, Korea.

Hans Werner Schenke. 2006. SCUFN-channels for name proposals used by international marine and by drographic societies. The first international symposium on application of marine geophysical data. Seoul, Korea.

Hyo Hyun Sung. 2006. Activities on naming undersea features in Korea. The first international symposium on application of marine geophysical data, Seoul, Korea.

IHO-IOC. 2008. Standardization of Undersea FeatureNames, Bathymetric Publication No. 6 (B-6).

IHO-IOC. 2011. Gazetteer of Undersea Feature Names. Bathymetric Publication No. 8 (B-8).

Kunio Yashima. 1999. Naming of undersea features in Japan. The summary report of the Thirteenth meeting of the GEBCO Sub-Committee on Undersea Feature Names(SCUFN) , Nova Scotia,Canada.

Norman Z Cherki, Trent C Palmer. 2008.ACUF and SCUFN: Procedural similarities and differences. The third international symposium on application of marine geophysical data and undersea feature names, Jeju, Korea.

Norman Z Cherki. 2006. The science and practice of naming undersea topopraphic features. The first international symposium on application of marine geophysical data. Seoul, Korea.

SCGN, Reports of SCGN 1-9 meetings, 1975—1991.

SCUFN, Reports of SCUFN 10-27 meetings, 1993—2014.

Vaughan Stagpoole. 2010. Report to SCUFN on meeting of the Undersea Names committee of the New Zealand Gengraphic Board. The summary report of the twenty third meeting of the GEBCO Sub-Committee on Undersea Feature Names(SCUFN), Lima, Peru.

第二章　基于海底地貌特征的
通名分类体系研究

　　海底地名命名是在科学判别和认定海底地形特征的基础上对自然地理实体进行的命名。海底地理实体如海山、海沟、海岭等的名称是大洋制图中必不可少的地理要素。政府间海洋学委员会（IOC）和世界水道测量组织（IHO）早在1993年就在通用大洋水深图委员会下属的海底地名及命名分委会 SCGN 的基础上，将其更名为现在的海底地名命名分委员会 SCUFN，成为当今海底地名领域唯一的政府间国际合作组织，具有较高的权威性和国际影响力。经该委员会审议通过后的海底地名，将直接被写入《GEBCO 海底地名辞典》，用于全球大洋水深图的制作。从1975年至今，分委会已组织召开了27次会议，审议通过的海底地名提案已达 3 820 个。

　　近几年来，我国积极开展海底地名命名工作并取得了显著成效。在2011年9月北京召开的第24次 SCUFN 工作会议上，我国首次提交的7个海底地名提案获得审议通过。审议通过的 SCUFNB-6 文件《海底地名命名标准》的中／英文对照版，现已在 SCUFN 网站正式发布，成为 SCUFNB-6 文件的正式官方版本之一。

　　然而，相对于其他发达国家，我国的海底地名命名工作仍处于起步阶段，在基础研究和支撑技术等方面都存在较大的差距。海底地名分类是海底地名研究中的重要问题之一，科学的地名分类有助于认识庞杂纷繁的地名世界的内在规律，促进地名研究的深入发展，也是地名科学管理所必需的。

　　海底地名包括通名和专名两部分。由于通名命名依据的主要是海底的地形地貌特征，因此本书首先介绍国内外陆地和海底地貌分类研究的情况，并基于海底地貌分类建立海底地名通名分类体系，这对于规范海底命名工作具有重要的实用价值。

第一节　面向海底地理实体命名的海底地貌分类体系

一、国内外地貌分类研究现状

1. 国外地貌分类研究

地貌分类复杂繁琐，国际上在该领域已进行了上百年的研究，目前尚未得出完全统一的分类方法。海底地理实体虽有其不同于陆地地貌的特点，但在分类方法上与陆地地貌并无根本差别。从分类依据出发，现有的分类方法可以分为成因分类、形态分类、形态成因分类和多指标综合分类 4 种。

M.W. 戴维斯（苏时雨，1999）是早期按照成因分类地貌类型的代表，他在 1884 年提出了主要以地质构造和侵蚀量为标准进行的地貌类型划分方法，并根据堆积作用、上升作用和破坏作用进行再分类；罗培克（潘德扬，1962）于1939 年提出的地貌分类思想是将分布范围较大的平原、高原、山地看做建设地貌，较小的地貌景观则称之为破坏地貌，河流、冰川、波浪和风又作为破坏营力作用于建设地貌之上，从而形成幼年、壮年和老年等处于不同发展阶段的地貌；1941 年，马尔科夫在主持编制《苏联 1∶1000 万地貌类型图》时，极力主张面对千差万别的地形形态，只有采用基本大地构造单元进行归类才是合理的，并将地表形态分成了侵蚀构造地貌、构造地貌和堆积地貌（陆恩泽，杨郁华，1957），他的分类思想影响了苏联较多的地貌制图作品，也对小比例尺地貌分区图的制作具有一定的理论基础和应用意义。斯皮里顿诺夫（1956）主张从形态成因方面综合考虑地貌分类，他于 1952 年发表的《地貌制图学》是世界上首次完整系统阐述地貌制图原理和方法的专著。

SCUFN B-6 文件《海底地名命名标准》中按字母顺序罗列了 44 个海底地名通名及其定义，并在地理实体几何特征表中定义了通名的点、线、面空间数据特征的属性项，但该标准没有说明各通名所指代的地貌类型间的关系，未形成系统完整的多层次通名分类体系（IHO-IOC, 2008）。

2. 我国地貌分类研究

我国较为系统性的地貌分类研究始于 20 世纪 50 年代。例如，周廷儒、施雅风和陈述彭（1956）在《中国地形区划草案》中，以形态特征（海拔和相对高度）、构造、蚀积特征、地面特征等形态指标为主，将全国划分为平原、盆地、丘陵、高原、中山、高山六大地貌类型；沈玉昌（1958）针对中国陆地地貌类型，提出了以"成因"为主要分类标准的划分系统。

20世纪70年代末至80年代期间，我国地貌学家在全国1∶100万、1∶400万地貌图研究过程时，开展了地貌分类研究，并形成了相应的制图规范（陈志明，1993；中国科学院地理研究所，1987；李炳元等，1994；周成虎等，2009）。目前，在地貌分类方面，已建立了比较完整和详细的1∶100万陆地地貌和海洋地貌分类及编码体系。

我国的海底地貌研究，尤其在海底地貌分类研究方面相对薄弱。目前，参照陆地地貌分类，海底地貌分类大致有两种：一种是以内营力为基础进行的分类，侧重表达地貌的形态和成因。这种分类按控制地貌的大地构造、地质构造、岩性等因素及基本形态特征进行地貌分类，具有原则统一、层次清晰的特点，能够反映构造对地貌的控制作用，适用于小比例尺的地貌分类与制图。另一种是以外营力作用为基础进行的分类，侧重表达地貌实体的形态和结构。这种分类原则比较统一、分级分类层次清晰，在地貌学界具有广泛的基础，对大比例尺编图及对海洋工程、海岸带及近海开发和利用具有重要使用价值。

周成虎等（2009）将我国大洋地貌分为大陆坡地貌、岛弧地貌、海沟地貌、边缘海盆地貌、中央海岭地貌和深海海盆地貌，并根据前人研究成果和1∶100万海洋地貌图所能反映的地貌类型，将海洋地貌分为形态成因类型和形态结构类型两种，其中形态成因类型分为9类一级地貌，包括现代河口地貌、滨岸地貌、陆架地貌、陆坡地貌、边缘海盆地貌、岛弧地貌、海沟地貌、中央海岭地貌、深海海盆地貌等，并按成因进一步分为二三级地貌。形态结构类型按GIS系统制图表达的需要分为点、线、面等小型的地貌实体。在此基础上，建立了我国1∶100万海洋地貌分类及编码体系。

中华人民共和国国家标准《海洋调查规范 第10部分：海底地形地貌调查》（GB/T 12763.10—2007）（以下简称《海底地形地貌调查标准》）根据地貌形态反映成因和成因控制形态的内在联系，依据"形态与成因相结合，内营力与外营力相结合，分类和分级相结合"的原则，将海底地貌分为四级。

一二级地貌单元为大地构造地貌单元。一级地貌单元包括大陆地貌、大陆边缘地貌和大洋地貌；二级地貌单元根据大地构造性质、形态特征和水深变化等进行划分，自陆向海依次划分为海岸地貌、陆架和岛架地貌、陆坡和岛坡地貌、深海盆地貌4种。三级地貌单元在二级地貌单元的基础上进一步按形态特征、主导成因因素和地质时代等因素划分，由基本地貌形态成因类型组成，如堆积型地貌、侵蚀型地貌、构造型地貌等，是地貌编图的主体图示内容。四级地貌单元按独立的形态划分，以形态特征为主体，是地貌分类中最低一级的地貌单元，可同时在不同的高级地貌单元中出现，一般成因要素单一，规模较小。

上述海底地貌分类方法，均以地貌成因为主导因素，采取分析组合方法，依分布规模，先宏观后微观，先群体后个体，逐级细化。由于各级反映的地貌特征的级别和层次不同，因此，各级之间并无明确的一一对应关系。

二、基于海底地貌分类的海底地名通名分类

地名命名的重点是通名的分类与命名，通名分类是按照其所指代的个体地域的属性进行的分类（褚亚平等，2009），海底地名通名的命名主要依据的是海底的地形特征，而反映海底地形特征的载体和最为直观的表现形式是地理实体的地貌特征。因此，海底地名通名的命名首先要在海底地貌分类基础上，确定其所属的地貌类型。

由于目前海底调查资料尤其是反映宏观范围的海底地形、海底地质、地球物理等资料较少，还难以解释清楚地貌的成因，因此海底地名通名命名针对的主要是海底地理实体的地貌形态属性和形态结构特征，同时兼顾宏观上大型地貌的形态成因，目的是在保持与现有地貌分类体系基本一致和相互衔接的基础上，既最大程度地反映地貌实体的成因，又重点突出实体的形态结构特征。

笔者认为，在周成虎等（2009）建立的1∶100万海洋地貌分类系统的一级地貌中，有的地貌类型从规模或级别上并不并列，如陆架、陆坡、海沟和深海盆地等并不在一个级别层次上，深海盆地是一个更为复合型的地貌单元，而且规模上要大得多。因此在海底地名通名分类体系中将其部分一级地貌类型作了适当调整。另外，陆坡和岛坡、陆架和岛架均属处于大陆边缘且具有类似的形态特征，因此进行了适当的归类与合并。

在《海底地形地貌调查标准》中，将大洋中脊划分到深海盆地的二级地貌，似有不妥。因为从规模上看，大陆边缘、大洋盆地和大洋中脊各占全球海底面

积的20%，50%和30%左右，将其列为一级地貌类型更为合适（吴时国等，2006；黄张裕等，2007）都将大洋中脊与大洋盆地和大洋边缘并列为同一级地貌类型）。另外，边缘海盆地也是大陆边缘较为重要的地貌类型，如南海盆地、菲律宾盆地、日本海盆地等，在该标准中没有提及。

在综合国内已有研究成果的基础上，结合海底地名命名的具体需求，我们将海底地名通名分类体系分为3个一级类，即大陆边缘、大洋盆地和大洋中脊。因为大陆地貌和海岸地貌不是海底地名命名的关注区域，因此并未包括在本书的通名分类体系之中。基于海底地貌分类的海底地名通名分类体系见表2-1。

表2-1 基于海底地貌分类的海底地名通名分类体系

一级地貌类型及通名	二级地貌类型及通名	三级地貌类型及通名	四级地貌类型及通名
大陆边缘	陆架、岛架	陆架外缘	水下浅滩
		陆架坡折	海底扇
		平原	堆积裙
		水下三角洲	冲积裙
		水下浅滩	冲积扇
		沙脊群	冲积堤
		水下阶地	沙脊
		陆架谷	珊瑚礁
		台地	外缘堤
			暗礁
	陆坡、岛坡	峡谷	海槛
		海槽	海山
		阶地	海丘
		海台	平顶山
		海底扇	山嘴
		盆地	山口
		海岭	
		海丘群	
		海山群	
	大陆隆	大陆隆、陆隆	
	边缘海盆地	平原	海脊
		海扇	海隆
		洼地	海台
		海岭	平顶山
		台地	海山
		海山群	海丘
		海丘群	海穴

续 表

一级地貌类型及通名	二级地貌类型及通名	三级地貌类型及通名	四级地貌类型及通名
大洋盆地	大洋盆地、洋盆	高原	海山
		丘陵	海丘
		平原	平顶山
		台地	火山
		阶地	海脊
		盆地	海台
		海岭	海穴
		海山群	海渊
		海丘群	峡谷
		断裂带	谷地
		海沟	水道
			陡崖
			海底峰
大洋中脊	洋中脊、中脊	海脊	海脊
		槽谷	峡谷
		中央裂谷	裂谷

三、海底地理实体通名界定的定量指标研究

海底地名命名的自然对象是海底地理实体，有些地理实体具有相近的地形地貌特征，只是在某些定量指标上存在一定差异，因此，在早期各国的海底地名命名中，出现了同类地理实体通名不一致或通名相同而界定指标不同的情况，如不同国家在 hill，knoll，seamount 等的界定上存在相对高程界定标准不一致的情况，目前，SCUFN 的 B-6 文件中对上述通名也只是作了定性的界定（IHO-IOC，2008）。

随着海底探测技术的进步，海底地形调查日益精细化，对微地貌体或微地理实体的识别能力越来越强；另外，调查的要素也越来越多，使人们对海底地形特征的认识越来越深刻，在通名命名中可以通过增加限制性词语，来综合反映其地质构造、地球物理、地球化学等特征。为了保持命名标准上的一致性，便于地名的使用和推广，制定地理实体界定的定量指标成为海底地名命名的一个关键问题，同时也是规范海底地名工作的重要步骤。因此有必要结合国内外已有的研究成果，如 SCUFN 颁布的 B-6 文件《海底地名标准化指南》（IHO-IOC，2008），从地理实体的所处深度、相对高度、沉积物厚度、起伏度（坡度）、宽度等方面明确指标，对地理实体进行定量指标的界定。

第二节　海底地名图式图例

　　根据上节"基于海底地貌分类的海底地名通名分类体系"，在参考《海洋环境信息服务系统图式规范》的同时，结合以往制图经验，在归纳总结海底地形地貌要素基本属性和特征的基础上，设计编制了较为全面的图式图例，初步形成了针对海底地名通名的图式图例体系，为海底地名专题图件的规范化编制提供了依据。

一、编制原则

1. 科学性

　　遵循地图符号的一般设计原则，结合海底地名表达的特点，进行科学严谨的设计。

2. 兼容性

　　与现行的国家标准协调一致，对于已有的国家标准，应执行国家标准；无国家标准的，与有关的行业标准保持一致。

3. 适用性

　　在满足地图符号设计基本原则的前提下制定，最大限度地保留已被人们熟悉和惯用的形式，以便于利用。

二、图式图例设计要求

1. 图例

　　（1）图例旁以数字标注的尺寸，均以毫米为单位。

　　（2）图例旁只注一个尺寸的，表示圆或外接圆的直径、等边三角形或正方形的边长；两个尺寸并列的，第一个数字表示图例主要部分的高度，第二个数字表示图例主要部分的宽度；线状图例一端的数字，单线是指其粗度，两平行线是指含线划粗的宽度。

　　（3）图例线划的粗细，线段的长短和交叉线段的夹角等没有指明的，描绘时以本规程为准。一般情况下，线划粗为 0.12 毫米（海岸线为 0.15 毫米），点的直径为 0.15 毫米，图例非主要部分的线段长为 0.3 毫米，非垂直交叉线段的夹角为 45°或 60°。

（4）图例中所有等值线注记用色与等值线颜色相同，字体均为宋体，字符的大小可随图幅及比例尺大小调整。图例中所有坐标轴的线粗为 0.15 毫米。

（5）一般情况下，要素与图例一一对应，不受比例尺的限制。

2. 色彩

采用 CMYK 色彩模式。图例色彩说明：C-青色，M-品红色，Y-黄色，K-黑色。

例 L：C30/Y60-L（line）代表线划色，C30 代表青 30%，Y60 代表黄 60%。色彩比例以斜线"/"相隔表示该线划的颜色为青 30%、黄 60% 的混合色。F：C40/Y60/K20-F（Fill）代表填充色。C40/Y60/K20 表示该填充色为青 40%、黄 60%、黑 20% 的混合色。

如果没有特殊说明，所有图例范围线颜色均为黑色（L: K100），线粗为 0.1 毫米。

三、图式图例具体内容

海底地形、地貌图式图例见表 2-2。

表2-2 海底地形地貌图式图例及说明

名称	图式图例	说明
陆架和岛架地貌	SH	F：C80/Y30
现代堆积平原	SH1	F：C80/Y30
残留堆积平原	SH2	F：C80/Y30
侵蚀-堆积平原	SH3	F：C80/Y30
侵蚀平原	SH4	F：C80/Y30
现代水下三角洲	SH5	F：C80/Y30
古水下三角洲	SH6	F：C80/Y30
大型水下浅滩	SH7	F：C80/Y30

名称	图式图例	说明
堆积台地	SH8	F：C80/Y30
潮流沙脊群（潮流沙席）	SH9	F：C80/Y30
水下阶地	SH10	F：C80/Y30
陆架或岛架斜坡	SH11	F：C80/Y30
大型侵蚀浅洼地	SH12	F：C80/Y30
构造台地	SH13	F：C80/Y30
构造洼地	SH14	F：C80/Y30
陆坡和岛坡地貌	SL	F：C50/Y30
陆坡大型海底扇	SL3,	F：C50/Y30
陆坡（岛坡）台地	SL4	F：C50/Y30
陆坡（岛坡）阶地	SL5	F：C50/Y30
陆坡（岛坡）海岭	SL6	F：C50/Y30
陆坡（岛坡）海山海丘群	SL7	F：C50/Y30
陆坡（岛坡）盆地	SL8	F：C50/Y30
陆坡（岛坡）海槽	SL9	F：C50/Y30
海底大峡谷	SL10	F：C50/Y30
巨型海槽	TO	F：C100/Y50
槽底平原	TO1	F：C100/Y50
槽底大陆隆（浊积扇）	TO2	F：C100/Y50
槽底大型洼地	TO3	F：C100/Y50
槽底海山海丘群	TO4	F：C100/Y50
槽底海山海丘链	TO5	F：C100/Y50

名称	图式图例	说明
槽底构造台地	TO6	F：C100/Y50
海沟	TR	F：C70/M20
海沟底平原	TR1	F：C70/M20
海沟底海山海丘链	TR3	F：C70/M20
海沟底隆起台地	TR4	F：C70/M20
深海平原	AP1	F：C40/M20
大陆隆（深海浊积扇）	AP1f	F：C40/M20
大型深海洼地	AP2	F：C40/M60
深海海底高原	AP3	F：C20/M20
深海海岭	AP4	F：C20/M20
深海海山链	AP5₁	F：M40/Y60
深海海山群	AP5₂	F：M40/Y60
深海海丘链	AP5₃	F：M40/Y60
深海海丘群	AP5₄	F：M40/Y60
大洋中脊	MR	F：M60/Y40
大洋中脊海岭	MR1	F：M60/Y40
大洋中脊裂谷	MR2	F：M60/Y40
地貌形态与结构		
沉陷盆地		F：C100/Y10 L：C100/Y100
潮流沙脊		F：K100
浅洼地		L：C100/Y100
深槽		L：C100/Y100

续 表

名称	图式图例	说明
海蚀崖		F：M100/Y100 L：M100/Y100
冲击扇		L：M60/Y100
构造堤		L：M100
海底浅滩		F：K100 L：M40/Y60/K20
海釜		F：C100/M20 L：C100/M20
海底沙丘		L：C20/M80/K20
海底峡谷		F：K100
海底断陷洼地		L：K100
海底扇（浊积扇）		L：C100
陡坎（或陡崖）		L：C100
泥丘		L：C100
海山		L：C100
平顶海山		L：K100
海丘		L：C100

参考文献

陈志明.1993.中国及其邻近地区地貌图(1:400万).北京:科学出版社.

褚亚平,尹钧科,孙冬虎.2009.地名学基础教程.北京:测绘出版社.

李炳元,李钜章.1994.中国地貌图(1:400万).北京:科学出版社.

李四海,李艳雯,樊妙,等.2013.基于海底地貌分类的海底地名通名分类体系研究.海洋通报,32(2):160-163.

李艳雯,樊妙.我国首次提交的7个海底地名提案在国际海底地名分委会(SCUFN)第24次会议上获得通过[EB],http://www.coi.gov.cn,2011.10.31.

马尔科夫K K.1957.地貌学基本问题.陆恩泽,杨郁华译.北京:地质出版社.

潘德扬.1962.地貌制图的理论与方法问题//1961年全国地貌学术会议论文集.北京:科学出版社.

沈玉昌.1958.中国地貌的类型与区划问题的商榷.中国第四纪地质,1(1).

斯皮里顿诺夫A.H.1956.地貌制图学(中译本)[M].北京:地质出版社.

苏时雨,李钜章.1999.地貌制图.北京:测绘出版社.

吴时国,喻普之.2006.海底构造导论.北京:科学出版社.

张艳杰,等.2014.海洋环境信息服务系统图示规范(在稿).

中国科学院地理研究所.1987.中国1:1 000 000地貌图制图规范(征求意见稿).北京:科学出版社.

中华人民共和国国家质量监督检验检疫局,中华人民共和国标准化管理委员会.2007.海洋调查规范第10部分:海底地形地貌调查[S].GB/T 12763.10-2007.

中华人民共和国国家质量监督检验检疫局,中华人民共和国标准化管理委员会.海底地名命名[S].GB29432-2012.

周成虎,程维明,钱金凯.2009.数字地貌遥感解译与制图.北京:科学出版社.

周廷儒,施雅风,陈述彭,等.1956.中国地形区划草案.北京:科学出版社.

B-8 GEBCO gazetteer aug10.xls. http://www.iho.int.

IHO-IOC. Standardization of Undersea FeatureNames, Bathymetric Publication No.6 (B-6), 2008.

SCUFN Generic Terms: List of Allowed Geometries. http://www.iho.int.

4th Edition of B-6(English/Chinese). http://www.iho.int.

第三章　海底地名命名标准体系

近年来，混乱无章的海底地名常常出现在某些已出版的学术刊物或者地图与海图上，有些名称未经推敲或者根本就不知道这些地理实体是否已被发现或命名就使用。这种现象已经引起了人们的关注。如我国东海大陆架上的鸭礁，1963 年出版的 1∶200 万"黄海及东海"海图；1977 年出版的 1∶100 万"青岛；上海及釜山、门司"海图均存在，有些学者曾经多次提到，但根据我国 1999 年和 2002 年先后两次多波束测深勘测核实，原"鸭礁"位置上并未见有地形凸起。这种名称使用混乱的现象给海洋制图工作带来极大的困难甚至会产生不良后果，已经引起了有关海洋机构和科学家的关注。

加拿大和美国最先成立了海底地名命名分委会，并颁布了海底地名命名规则。1974 年，GEBCO 亦成立了地理名称和海底地名命名分委会（SCGN），并于 1975 年在加拿大新斯科舍召开了第一届会议，主要负责全球海底地名的审议。1993 年该分委会更名为海底地名分委会（SCUFN）。海底地名分委员会自成立以来，已编制形成一系列文献。其中比较完整、成熟的有《海底地名命名标准》（IHO-IOC B-6）和《GEBCO 海底地名辞典》（IOC-IHO B-8）等。各国依据《海底地名命名标准》对海底地形进行命名并提交至 SCUFN 进行审议。

本章在研究 SCUFN B-6 标准的基础上，对其海底地名通名、专名的命名规则，提案提交程序等进行了详细介绍；为了更好地理解和应用此规则，结合我国海底地名命名特点，对海底地理实体的通名类型界定进行了深入研究，形成了以三维海底 DEM 数据为判读特征的海底地理实体通名类型界定标志；最后，结合实际提出了适合我国的海底地名专名命名体系。

第一节　B-6 标准介绍

B-6 标准（海底地名命名标准）的内容包括：海底地名命名指导原则、命名提案表、术语和定义等，是由政府间海洋学委员会——国际水道测量组织（IOC-IHO）GEBCO 联合指导委员会任命的"GEBCO 海底地名分委会"和"联合国地名专家组（UNGEGN）"之海事和海底地理实体工作组依据联合国地理名称会议相关决议条款共同协商制定。

B-6 出版物第 4 版英／中对照版本将取代原先由国际水道测量局出版的 2001 年版本。另外还有该版本的英／法、英／西、英／俄、英／韩、英／日对照版本。

根据政府间海洋学委员会——国际水道测量组织（IOC-IHO）GEBCO 联合指导委员会的要求，为了使这些指导原则得到广泛的推广与应用，进而促进海底地名命名的标准化，IHB 和 IOC 向用户免费提供 B-6 出版物。用户也可从 IHO 网站（www.iho.int）和 GEBCO 网站（www.gebco.net）直接获取该出版物的电子版。

一、SCUFN的职责

2008 年 IHO 和 IOC 通过了 SCUFN 新的职责范围，内容包括：

（1）分委会的职责：要从全球海洋范围考虑，选定的世界大洋海底地名应适用于 GEBCO 的图件和数字产品、IHO 小比例尺国际海底地形图和区域国际海底地形图系列。

（2）分委会应：

● 从下列渠道选定海底地名：

- 与命名有关的国家和国际组织提供的名称。

- 与海洋研究和水道测量等有关的个人、机构和组织提交给分委会的名称。

- 在科学杂志上或者相应地图和海图上出现的名称。

- 由国际海底地形制图项目负责人或主编，因项目工作的开展而提交给分委会的名称。

所有选定的名称都应与本文件（IHO-IOC B-6 出版物：《海底地名命名标准》）中阐述的命名指导原则相一致，并附有有效的证据支持。这些名称在增补入地名辞典之前要进行审查。

● 条件适当时要对命名的地形特征范围进行定义。

● 就领海外部界限以外海底地名的选择，或应要求对领海外部界限以内海底地名的选择，向个人和有关机构提供咨询意见。

● 鼓励那些没有设立国家地名和海底地名委员会的国家设立这种委员会。

● 编制和维护一个适用于国际和全球范围的 IHO-IOC GEBCO 海底地名辞典。

● 鼓励在各种地图、海图、科学出版物以及广泛转载这些名称的文献中使用 IHO-IOC GEBCO 地名辞典中收录的海底地名。

● 制定和维护国际统一的海底地名命名标准指导原则并鼓励使用这些准则。

● 评价和阐述修订或增添海底地形特征术语和定义的必要性。

● 与联合国地名专家组、邀请参加分委会会议的联系人以及与海底地名命名有关的国际和国家机构保持密切联系。

● 在可能的情况下，提供先前已出版的名称和历史上相异名称起因的历史信息。这种信息包括发现船只和 / 或者组织，被纪念个人或船只的信息，或者与名称相关联的地理特征信息，相异名称的起因，必要时提供命名信息的原始资料。

二、SCUFN的命名总则

（1）国际上对海底地名命名的关注主要限于其全部或主体（50% 以上）位于领海外部界限以外的海底地形。根据《联合国海洋法公约》规定，领海外部界限应从本国领海基线算起不超过 12 海里。

（2）"海底地形"是洋底或海底的一部分，其地形起伏可测或由这种起伏界定的区域。

（3）多年已使用的名称是可以接受的，尽管它们与正常的命名原则不相符。为了避免混乱，对有些现有名称需要作些更改，去掉那些模糊不清的成分或者对其拼写进行改正。

（4）由国家地名权威机构认可的位于领海以外水域的名称，如果与国际上可接受的命名原则相符，其他国家应该接受。一个国家在其领海以内采用的名称，其他国家应该予以承认。

（5）名称发生冲突时，相关的人和 / 或机构应该对问题给予解决。如果两个名称用于同一个地形，一般应该保留使用较早的那个名称。如果一个名称用于两个不同的地形，先使用该名称的地形应该保留该名称。

（6）如果名称不是以本国的书写方式出现，在图件或其他文献使用这些名称时，应根据本国地名权威机构采用的书写方式进行音译。

（7）应该作为一种政策，在国际计划中，负责相关领域的国家权威机构应使用命名表。

（8）一个国家可以使用其选择的外来语版本。

三、SCUFN专名命名规则

（1）专用术语（或名称）应尽量短而简洁。

（2）命名时首先要考虑的原则是名称要实用、使用方便和具有适当的参照性；其次才考虑纪念人员或船只。

（3）一般情况下，专用术语的选择应首先考虑与地形特征有关，例如阿留申海脊、阿留申海沟、秘鲁－智利海沟、巴罗海底峡谷。

（4）其余情况下，专用术语可以用来纪念发现和／或确定该地形范围的船只或其他运载工具、考察探险或科学研究机构，或者为了纪念某位名人。采用船名的时候，该船应是发现该地形特征的船只，或者该名称先前已用于命名类似地形特征，也可以是调查确定该地形特征的船只的名字，如圣巴勃罗海山、阿特兰蒂斯II海山。

（5）根据联合国地名标准化会议VIII/2决议的建议，一般不用在世人的名字进行命名，特殊情况下，需要采用在世人的名字（最好用姓氏）命名时，此人必须是对海洋科学作出过杰出贡献的人。

（6）相类似的地形群组可以采用某类集合名称命名，如使用历史人物、神话、星体、星座、鱼类、鸟类和动物等。

（7）可采用形象化词语命名，尤其是形象特征明显的地形（如钩状海脊、马蹄形海山）。但要小心谨慎，除非其形状特征通过地形调查已确认无疑。

（8）著名的或者大型地形的名称应用到其他地形时应该拼写一致。

（9）名称中的专用成分不应再进行翻译，可保留提供该名称的国家语言形式。

四、SCUFN通名命名规则

（1）应从提供的44类反映实体自然地理特征描述的术语和定义表中选取。

（2）海图上和其他产品上的地理实体用到通名时，应该采用出版该产品的国家语言。当某一国家的命名形式已经在国际上流行使用时，应予以保留。

（3）随着海洋制图工作的发展，新的海底实体不断被发现，如现有的术语将不能满足命名需求时，需要用新的术语来描述这些实体时应符合上述命名指导原则。

SCUFN 目前确定使用的44类通名包括大陆架、大陆坡、海盆、海山、海沟、海脊、深海平原以及海底峡谷等（参见《海底地名命名标准》——术语和定义 P. 2-12）。然而，从 SCUFN 审议命名提案的过程和结果来看，通名的界定和命名的使用是海底地名审议的重点和难点。所提供的44个术语和定义还需进一步完善。SCUFN 正在会同其他机构研究和制定更加专业和准确的通名定义。例如，海底火山口（图3-1），定义为"一个近似圆形，锅形塌陷，通常边缘陡峭，在火山喷发期间或喷发之后，由于塌陷或部分塌陷而形成。"在 SCUFN 第24次会议上，我国提交的"鸟巢火山口"，由于其顶部有明显塌陷特征，因此通名为火山口，但考虑到塌陷直径只有500米，整个特征地形长3 500米，相对于整个地形规模，特征不明显，因此建议将通名命名为海底丘陵（hill）（高度为220米），在描述部分注明为顶部带有火山口的海底丘陵（图3-2）。

图3-1　海底火山口

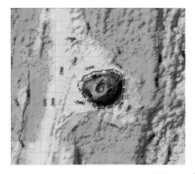
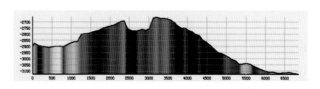

图3-2　鸟巢海底丘陵三维立体图及剖面

五、SCUFN海底地名命名程序

（1）个人或机构为尚未命名的位于领海外部界限以外的海底地理实体申请命名时应遵循国际上可接受的原则和程序。

（2）建议对新的海底地理实体提出命名时，应该填写和提交"海底地名命名提案表"。

（3）对地理实体进行命名之前，应先明确该实体的特征、范围和位置，以便于标识。位置要用地理坐标表示。如果尚未确立上述标识信息，建议先采用地理坐标和通用术语外加大概位置（PA）相结合的方式来做参考。如果位置不准确，采用坐标后加大概位置表示，如果地形特征不明确，则在通用名称后加大概位置来表示。

（4）当一个国家没有设置地名权威机构时，地名命名应按"命名提案表"的要求，通过 IHB 或者 IOC 秘书处得到认可。

（5）当一个国家权威机构决定改变原来已命名的地名时，应该通报其他有关部门，解释更名原因。如果就更名出现意见分歧时，有关部门应该通过相互沟通以达成一致的解决办法。

（6）国家权威机构批准新的地名后，应定期将其向社会公开。

（7）国家权威机构为本国领海以内的地理实体进行命名也应遵循上述的原则和程序。

第二节　海底地理实体通名类型界定

在海底地名命名工作中，如何对海底地理实体的通名进行界定是项重要的研究内容。通过多年的积累和不断的修订，B-6 文件中已经涵盖了大部分海底地名通名的定性解释，然而在定量化界定和描述方面还在不断地探索和总结中。通名的界定即是对海底地理实体类型的划分，不是根据单一学科的简单归类，而是需要结合海底地形地貌、地球物理、构造成因、底质沉积等多方面知识进行综合考虑。

自人类进入 20 世纪以来，先进的海底测量设备使得获取精确、翔实的海底微地形成为现实，多波束测深系统将传统的测深技术从原来的点、线扩展到面，并进一步发展到立体测深和自动成图，水深精度达到分米级，可绘制精细的海底水深图和三维海底 DEM，使得人们对海底地形的勘测和研究水平达到了一个前所未有的高度，从而促进了海底地理实体的大发现，尤其是微型海底地理实体的新发现，同时也推翻或更正了以前对海底地形的许多错误认识，使人们能够重新审视、定位和再认识某些海底地形地貌的真实特征。而侧扫声呐系统可以显示海底地貌，确定目标的概略位置和高度，基于声呐图像可以判读出目标图像及地貌图像，包括海底起伏形态、海底地质类型图像，以及海底起伏和地质混合图像，从而更加准确地判读出海底起伏形态，如沙波、沟槽、沙丘等。海底浅层剖面仪又是研究海底各层形态构造和其厚度的有效工具，所有这些技术和仪器的应用为海底地名通名的界定提供了有力的科学支撑和保障。

海底地貌是海底表面的形态特征、成因、分布及其发育特征的综合体现。三维海底 DEM 可以非常清晰地反映海底地貌侵蚀与堆积作用的地理分布规律，本节以多波束水深数据形成的三维海底 DEM 为数据基础，作为识别和定量界定海底地理实体各种地貌特征的主要依据。

一、海底地理实体通名类型界定标志

海底地理实体的大小、形状、起伏形态、位置及周围环境等特征在三维海底 DEM 图像上的表现，可以协助进行定量及形象化地描述海底地理实体。

（1）大小。大小是指地物在海底 DEM 栅格数据上所占的像元数。同一个海底地理实体在不同分辨率的栅格数据中占据的像元数不同，分辨率越高所占像元数越多，反之，分辨率越低所占像元数越少。一些海底微地貌在低分辨率的海底 DEM 栅格影像上无法显示出来，分辨率越高，反映的海底地理实体越逼真。

（2）形状。形状是指海底地理实体在海底 DEM 栅格影像上所呈现的平面空间几何图形特征。

（3）起伏形态。起伏形态是指海底地理实体在三维海底 DEM 栅格影像上所呈现的立体空间几何图形特征。如表 3-1 中，在垂直剖面上，海丘的高度和海山有明显区别，海穴的四周破壁陡峭，海底峡谷被流水侵蚀，源头千沟万壑，两侧陡峭。利用 DEM 生成的 hillshade 图对于判别地貌形态具有一定的指导作用。

（4）位置。根据海底地理实体在三维海底 DEM 中的绝对位置或与周围地理环境的相对位置进行空间分析。如表 3-1 所示，深海平原通常位于水深大于

4 000米的深海，海底峡谷一般位于大陆坡上，海底沙脊位于大陆架上；而冲积扇通常在海底峡谷前缘堆积。

（5）海底地理实体的空间组合关系。在以上特征的基础上，再加上各区域的地理特色以及界定者的先验专业知识等，就可以确定其地貌类型。例如，海台的判读，需要与周围地貌综合判断，比较台面和台坡的比例关系，如有较大且平坦的台面，相对较少且陡的台坡，就可判断为台地；再如有多个起伏的海山，就需要判断其基底是否相连，即是否孤立，如果孤立存在，即为海山群，否则只是独立海山。

三维海底DEM具有直观、综合和宏观等特点，为海底地理实体特征界定、提取和分析提供了大量信息。在利用三维海底DEM进行界定时应遵循海底地理实体特征的显著性、多样性和易用性等原则。

表3-1 海底地名通名类型界定标志

通名类型	地形特征	特征描述
深海平原 （abyssal plain）	 Guinea abyssal plain	范围广阔、地势平坦的深海底平原，通常水深大于4 000米。沉积物主要是硅质软泥和钙质软泥以及红黏土，并含有可能是浊流带来的砂和粉砂等陆源物质
冲积裙 （apron）	 West AvesApron	倾斜而较缓的斜坡，表面光滑，通常位于岛群或海山周边

续 表

通名类型	地形特征	特征描述
滩 （bank）	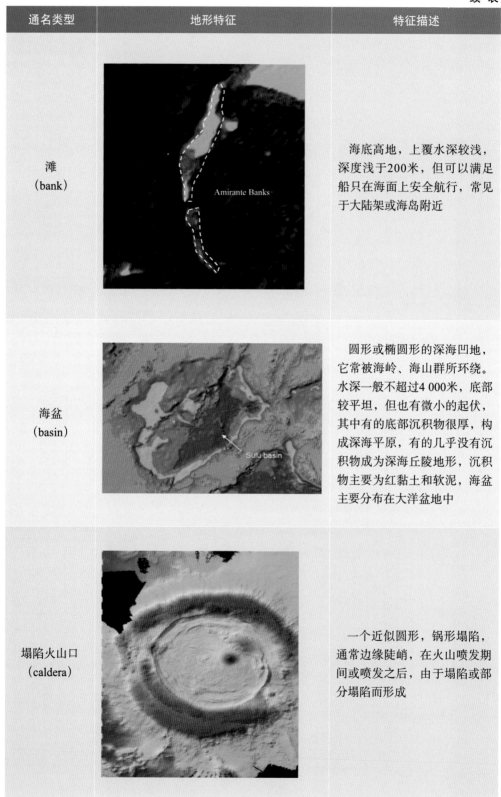	海底高地，上覆水深较浅，深度浅于200米，但可以满足船只在海面上安全航行，常见于大陆架或海岛附近
海盆 （basin）		圆形或椭圆形的深海凹地，它常被海岭、海山群所环绕。水深一般不超过4 000米，底部较平坦，但也有微小的起伏，其中有的底部沉积物很厚，构成深海平原，有的几乎没有沉积物成为深海丘陵地形，沉积物主要为红黏土和软泥，海盆主要分布在大洋盆地中
塌陷火山口 （caldera）		一个近似圆形，锅形塌陷，通常边缘陡峭，在火山喷发期间或喷发之后，由于塌陷或部分塌陷而形成

续 表

通名类型	地形特征	特征描述
海底峡谷 （canyon）	 Whittard Canyon	比较狭窄而纵深的海底洼地，两侧陡峭，峡谷底部一般连续不断变深，且有一段连续不断的斜坡
海渊 （deep）	 Challenger deep	在大型海底地形，如海槽、海盆或海沟中局部出现的孤立（或成群）的深水区域，深度超过6 000米，轮廓清楚的深海凹地，多数位于海沟中
海底崖 （escarpment）	 Eotvos escarpment 	伸长的陡坡，呈线形展布，将水平的或平缓倾斜的海底区域隔断

续表

通名类型	地形特征	特征描述
海扇（fan）	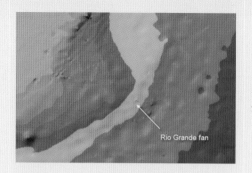	比较平坦而平滑的扇形沉积实体，通常从海底峡谷外端或海底峡谷系统向外倾斜
断裂带（fracture zone）	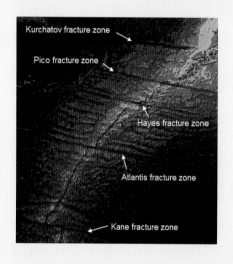	地形不规则且分布范围较广的条带状区域，常伴有侧面陡峭或不对称的海脊、断裂、海槽或海底崖，通常分隔洋底脊，谷底深度相差多达1.5千米。大洋中大体可分为两个断裂系统：一个是沿洋中脊轴部延伸的中央裂谷及与其平行的一系列断层构成的中央裂谷系；另一个是横切洋中脊的转换断层或横推断层系统。大西洋中脊和印度洋中脊轴部都有中央裂谷，而且在这两个洋中脊和东太平洋洋隆上都有与之垂直的一系列的断裂带，在断裂带两侧，地壳厚度及密度有较大差异，地磁异常带有明显的错动现象
山口（passage）/裂谷（gap）		海脊或海隆中呈现的狭窄断裂，也叫做GAP（裂谷）

续 表

通名类型	地形特征	特征描述
平顶山 （guyot）		顶部比较平坦的海山，高度超过200米
海丘 （hill）		清晰可辨的海底隆起区，一般形状不规则，从环绕其主体周围的最深等深线算起，顶部与周围地势起伏高差（相对高度）小于1 000米
海穴 （hole）		界限明显、底部相对平坦、四周急剧上升且陡的海底洼地

续 表

通名类型	地形特征	特征描述
圆丘 (knoll)		清晰可辨的海底隆起区，外轮廓呈圆形，从环绕其主体的最深等深线算起，顶部与周围地势起伏高差（相对高度）小于1 000米
冲积堤 (levee)		自然沉积而成的海底堤坝，一般围绕海底峡谷、海谷或深海水道的边缘
环形洼地 (moat)		海底环形洼地，但不一定完全连续，一般位于许多海山、海洋岛和其他孤立海底高地的基底处

通名类型	地形特征	特征描述
矮丘 (mound)	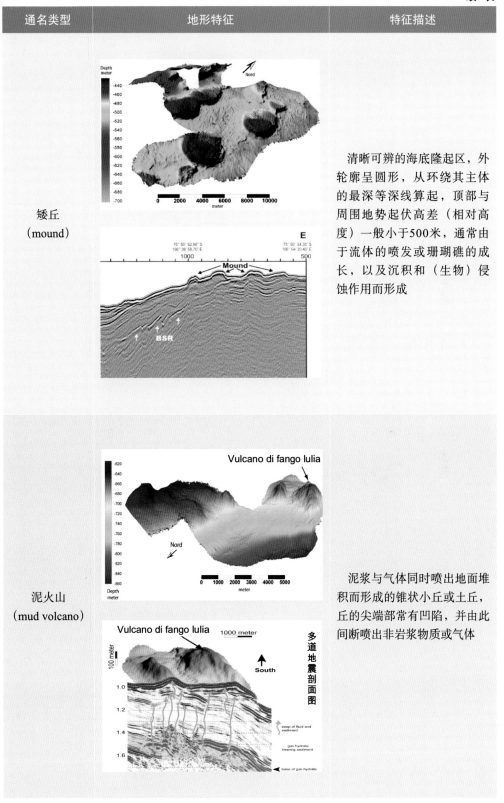	清晰可辨的海底隆起区，外轮廓呈圆形，从环绕其主体的最深等深线算起，顶部与周围地势起伏高差（相对高度）一般小于500米，通常由于流体的喷发或珊瑚礁的成长，以及沉积和（生物）侵蚀作用而形成
泥火山 (mud volcano)		泥浆与气体同时喷出地面堆积而形成的锥状小丘或土丘，丘的尖端部常有凹陷，并由此间断喷出非岩浆物质或气体

通名类型	地形特征	特征描述
海底峰 （peak）		位于大型海底地物顶端，顶部呈锥状或点状的高地
尖礁 （pinnacle）		高塔状或尖顶状岩柱，孤立出现或位于海底地物顶端
海底高原 （plateau）		范围广阔，高出周围海底455 米以上，顶部平坦的海底高地，其顶面一般呈轻微的起伏，周围斜面比较陡峭

通名类型	地形特征	特征描述
特征区（province）	G&GS seamount province	具有某些共同自然地理特征或地貌形态的海底区域，其特征与周围区域有着明显不同
礁（reef）	winslow reef	岩石体或其他固结物质体，上覆水较浅，不利于海面航行，它能产生波浪破碎作用，其中由基岩构成的称岩礁；由珊瑚堆积而成的称珊瑚礁；低潮时能露出水面的称明礁；不能露出海面的称暗礁
海脊（ridge）	Mid Atlantic ridge	a) 孤立（或成群）出现的狭长而变化复杂的高地，具有陡峭的侧翼，包括无震海岭等，一般高出周围海底2 000～4 000米，宽250～400米，长200～5 000千米不等； b) 贯穿全球范围的相互连接的主要大洋中央山脉系统，又叫洋中脊

通名类型	地形特征	特征描述
断裂谷 （rift）		沿大洋中脊轴延伸的巨大裂谷，一般水深达 3 000～6 000 米，顶底高差达 1 000～2 000 米，宽 15～50 千米
海隆 （rise）		宽阔、狭长且平坦的海底高地，两侧斜面较缓，延伸很长的海底隆起，如沙茨基海隆
鞍部 （saddle）		宽阔的马鞍状通道或隘口，见于海脊、海隆或毗邻高地间

通名类型	地形特征	特征描述
盐丘 (salt dome)		由于盐岩和石膏向上流动并挤入围岩，使上覆岩层发生拱曲隆起而形成的一种底辟构造，有明显起伏，通常具有浑圆形剖面，直径大于1 000米；通常位于具有相同地理特征地物的特征区内
沙脊 (sand ridge)		由松散沉积物构成的水下山脊，具有一定的凸起，有时呈新月状，通常见于具有相同特征的海底实体区域
海底水道 (sea channel)	 Baker seachannel	海底呈U形或V形的狭长浅而蜿蜒曲折的洼地，通常出现在平缓的倾斜深海平原或冲积扇中
海山 (seamount)	 Flank Rift Zone	清晰可辨的、大体呈等维展布的海底高地，从环绕其主体的最深等深线算起，顶部与周围地势起伏高差（相对高度）大于1 000米

通名类型	地形特征	特征描述
海山链 （seamount chain）		由线状或弧线状排列的离散型海山组成，3个或3个以上海山呈线形排列的称海山链
陆架 （shelf）		毗邻大陆边缘或围绕海岛周边缓而平坦的斜坡，从低潮区一直延伸到海底坡度向外海明显变大的水深处，一般到200米等深线处
浅滩 （shoal）		孤立（或成群）出现的不利于船只海上航行的浅海区域，海底由沙、泥、砾石、贝壳或其他未固结物质构成

续　表

通名类型	地形特征	特征描述
海槛 （sill）	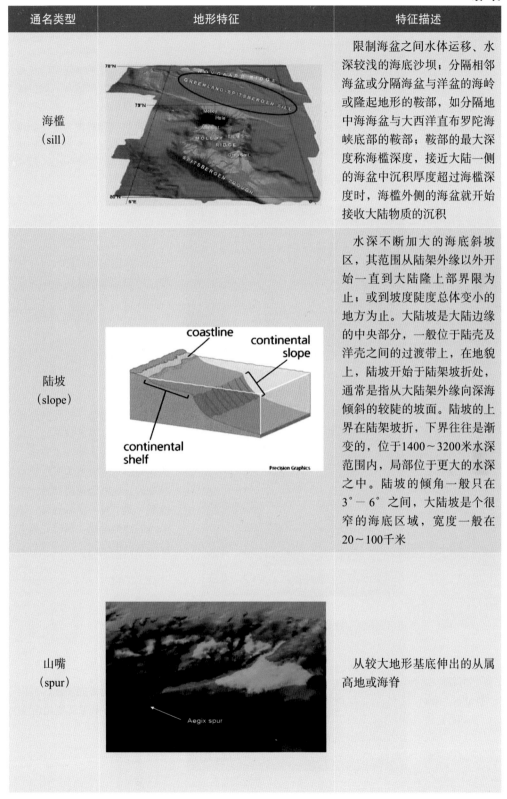	限制海盆之间水体运移、水深较浅的海底沙坝；分隔相邻海盆或分隔海盆与洋盆的海岭或隆起地形的鞍部，如分隔地中海海盆与大西洋直布罗陀海峡底部的鞍部；鞍部的最大深度称海槛深度，接近大陆一侧的海盆中沉积厚度超过海槛深度时，海槛外侧的海盆就开始接收大陆物质的沉积
陆坡 （slope）		水深不断加大的海底斜坡区，其范围从陆架外缘以外开始一直到大陆隆上部界限为止；或到坡度陡度总体变小的地方为止。大陆坡是大陆边缘的中央部分，一般位于陆壳及洋壳之间的过渡带上，在地貌上，陆坡开始于陆架坡折处，通常是指从大陆架外缘向深海倾斜的较陡的坡面。陆坡的上界在陆架坡折，下界往往是渐变的，位于1400~3200米水深范围内，局部位于更大的水深之中。陆坡的倾角一般只在3°－6°之间，大陆坡是个很窄的海底区域，宽度一般在20~100千米
山嘴 （spur）		从较大地形基底伸出的从属高地或海脊

通名类型	地形特征	特征描述
阶地 （terrace）		表面平坦或平缓倾斜的长而狭窄的海底区，通常一侧以陡峭的下降斜坡为界；另一侧则以陡峭的上升斜坡为界，如梅里亚代克海台，太平洋的沙茨基海台等
海沟 （trench）	 Mariana trench	长而深邃的非对称的海底洼地，两侧边坡较陡，与俯冲作用相伴
海槽 （trough）	 Okinawa Trough	又称舟状海盆，狭长的海底洼地，其特征是底部平坦，两边对称，水深一般小于海沟，两侧倾斜角度较海沟缓，类似黄瓜的长椭圆形深海凹地，呈槽形，具"U"字形剖面，如东海的冲绳海槽，海槽底部有较厚的沉积物
海谷 （valley, sea valley）	 shamrock Valley	较浅而宽的海底洼地，坡度较缓，通常谷底坡度变化连续

（1）显著性：所确定的界定标志应能够表现海底地理实体特征的最大差异和最清晰的特征。例如海山、海丘和平顶山，相对高差逐渐减小；冲积扇为扇状堆积。

（2）多样性：建立反映单一海底地理实体的多个界定标志，并依据多个标志综合界定海底地理实体的地貌类型。例如，塌陷火山口，近似圆形，顶部不仅有塌陷，且塌陷特征明显，塌陷直径和规模相对较大。

（3）易用性：界定标志清晰，应尽可能便于界定人员的掌握和使用。

二、海底地理实体地貌形态识别

从海底地理实体地貌形成与发展看，任何一种外营力作用的结果均呈现为侵蚀和堆积两种地貌形态。从地貌体看，任何一个地貌实体均具有其独特的"形"和"物"两方面的信息。形是指地貌体的形状、大小、分布部位、地貌面的高度、地貌坡面的坡度等；物是指地貌体的物质组成、颗粒大小、矿物结构等。形依托于物，而物体现于形。

自然界的地貌，常以单个形态或形态组合的方式存在。通常把地貌形态较小、较简单的小地貌形态，如海丘，海沟等，称为地貌基本形态。另一类范围较大，包括若干地貌基本形态的组合体，称为地貌形态组合。地貌形态组合可以是简单的同一形态、同一类型的地貌组合，也可以是复杂的不同类型地貌的组合。一般较大规模的地貌都是复杂地貌形态的组合体。

不同分辨率的三维海底 DEM 对于判读不同规模类型的地貌具有独特的优越性，低分辨率的三维海底 DEM 适合判读海底高原、海底平原、深海海盆、洋中脊等大型地貌；高分辨率的三维海底 DEM 则能轻易判读出微型地貌且能更加详细地描述海底地理实体表面的细节特征。对三维海底 DEM 加以色彩、光照、阴影渲染，可以更加直观、形象地判读出海底地理实体，一般可从平面图形和垂直剖面两个角度进行判读。海底 DEM 平面图形大致可分为蜿蜒曲线（深海水道）、扇状（冲积扇）、圆形凹地（盆地）、带状（海脊等）、岛状（海山、海丘）等。由于地貌体的"形"和"物"是相辅相成的，"形"要有"物"来依托，"物"的性质也会影响"形"的表现。在形状识别的基础上，根据地理实体垂直高差及剖面形态能够进一步确定其类型，例如海山及海丘的高差不同，平顶山顶部平坦，深海水道由于受水流作用横断面呈 U 形或 V 形。

地貌形态由地貌基本要素构成。地貌基本要素包括地形面、地形线和地形点，它们是地貌形态最简单的几何组分，决定了地貌形态的几何特征。在海底地理实体界定过程中，可根据比例尺和实体大小，以面状、线状和点状 3 种图斑类型来进行解析存储。但在实际应用中，这些要素表现的程度不同，有时清晰可见，有时则模糊难辨，甚至缺乏某种形态要素。观察和分析各种地貌基本要素是研究地貌的一个重要途径。

在三维海底 DEM 图像上，海底地貌形态多样，如线状、带状、岛状、扇状等，其中扇状、带状、岛状等最为普遍。

（1）扇状体的识别。扇状体是指由点状放射成扇状的地貌形态，如冲积扇。扇状堆积物的颗粒从扇顶到扇缘由粗变细，且多分布在落差较大、两种较大地貌单元的交界处。常见的扇状体包括水下三角洲、冲积扇和冲积裙等。

（2）带状体的识别。带状体是指呈平行排列分布的条带状地貌形态。常见的带状体包括海脊、潮流沙脊等。

（3）线状体的识别。线状体是指长度远大于宽度的地貌形态，如断裂带等。

（4）岛状体的识别。岛状体是指高出四周的地貌形态，如海山、海丘、平顶山等。

三、海底地理实体地貌成因类型判读

地貌成因类型的判读，主要是通过对地貌基本形态和地貌形态组合的认识来完成的。地貌基本形态具有一定的简单几何形状。地貌形态组合特征就必须考虑这一形态组合的总体起伏特征、地貌类别和空间分布形式。各种地貌形态之间，存在着高差、交切、掩埋和重叠等关系，并具有不同的完整程度。

四、基于三维海底DEM的通名类型界定

为了便于形象、直观化描述海底地理实体的类型特征，以地貌形态及其成因相结合的原则，参考和综合《GB 29432－2012 海底地名命名》标准、《地质大辞典》以及 SCUFN B-6《海底地名命名标准》中新修订的 43 类海底通名，并以 GEBCO 30″分辨率全球海底三维 DEM 为数据源，以地理实体图像的形式，对各类通名的空间特征进行描述。上述数据不能满足者应用网络图片或其他调查数据进行解释说明，表 3–1 为海底地名通名类型界定标志图解，以通名的英文字母顺序排列。

近年来，随着海底科学研究的发展，特别是海底地形地貌高精度探测技术的发展，许多海底微地形特征不断被科学家发现。是否需要将这些微地形特征的命名纳入到《海底地名命名标准》成为当前 SCUFN 会议的议题之一。在 2012 年 SCUFN 25 次会议上，Hinze 提出了 14 个微地形特征术语供委员会讨论，次年的 SCUFN 26 次会议上，中国针对性地提出了建立微地形特征数据库管理系统的建议并在会上讨论。这些微地形特征确实已经在海底科学研究中被广泛应用，比如热液喷口（hot vent）、冷泉（cold seep）、沙波（sand ripples）和泥火山（mud volcano）等，而且都有相关的科学组织对其进行了规范化的管理，将 SCUFN 的工作职能从单纯服务大洋制图转变为服务海洋科学研究可能是其未来的一个发展方向。

第三节　我国海底地名专名命名规则研究

地名专名，是地名的重要组成部分，也是最能体现命名特色的内容，其名称的选取需要从含义、适用性等多方面协调考虑。同时，专名由发现该海底地理实体的国家和个人提出，选取适当的专名可起到弘扬本国文化，便于传播使用的作用。SCUFN 制定了海底地名专名命名的规定，但各国在实施过程中，又针对本国具体情况作了进一步完善，提出了适合本国的海底地名专名命名规则。例如，美国在其命名标准中明确指出为海底地理实体选取专名时，首先应考虑与其相联系的地理要素特征，其次才考虑用人、船只等名称进行命名。在新西兰海底地名专名命名标准中规定，专名选词时不能选取"南"、"北"等带有方向性和"好"、"坏"、"高"、"低"等具有评价性的词语。我国大洋协会采用《诗经》作为大洋海底地名命名体系，分别从《风》、《雅》、《颂》中选取词语，作为大西洋、太平洋和印度洋中海底地理实体的名称。

近年来，我国的海底地名命名工作也进入到快速发展的阶段。2013 年 7 月，我国发布了《海底地名命名》（GB 29432－2012）国家标准，对海底地理实体专名的命名原则、选词标准、命名要求等进行了规定，适用于对海底地理实体进行命名与更名。本节在此标准及 B-6 标准的基础上，结合我国历届 SCUFN 通过的海底地名提案，对我国的海底地名专名命名体系进行了深入研究，对专名的命名原则、选词标准、命名要求及翻译原则等内容进行了介绍。

一、命名原则

1. 合法性原则

海底地名要符合国家法律，在命名中不可出现破坏祖国统一、主权和领土完整、涉及祖国分裂、民族歧视等词语；不出现煽动、鼓励犯罪等词语。

2. 指位性原则

海底地名应具指位性，专名选词中尽量选取与该海底地理实体位置相近或相联系的地名。

3. 文化继承性原则

海底地名应能够充分体现我国历史文化内涵，具有浓厚的中国特色，不使用外国人名、地名命名。但也要注意选词不要过于生僻，既要体现文化传承，又要通俗易懂。

4. 社会认同性原则

海底地名在选词上注重含义健康、耳熟能详、好找好记，朗朗上口。

5. 标准化原则

海底地名应符合标准化原则，其名称选取应满足我国《地名管理条例》要求，用字规范，不使用生僻字、词作为地名专名。

二、选词标准

（1）专名选词应尽量简短。

（2）同一类型的地理实体，专名不能相同，且应尽量避免使用同音、近音词。

（3）避免使用带有侮辱、歧视性质和庸俗词语命名。

（4）应使用规范汉字，避免使用生僻字或易产生歧义的字；不应使用自造字、方言字、繁体字和异体字。

（5）所使用汉字宜优先选用《现代汉语常用字表》中常用字（2500 字），其次选用《现代汉语常用字表》次常用字（1000 字），再次选用《现代汉语通用字表》（7000 字）中的汉字。

三、命名要求

（1）选词应首先考虑的原则是名称效用，使用方便且具有适当的参照性。在可能的情况下，优先考虑与地理特征有关的陆地地名，例如马里亚纳海沟；其次才考虑有纪念意义的船只名称或人名。

如中国在 SCUFN 会议上命名的日潭海丘和月潭海脊，即因为其位于台湾以东，形状又与台湾著名的日月潭相似，故名。

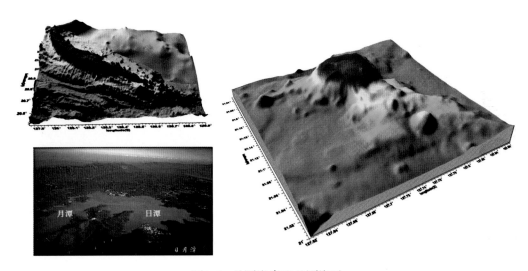

图3-3　月潭海脊和日潭海丘

（2）可采用调查船只、考察团队或科研机构名称来作为专名，当采用船只名称来命名海底地理实体时，船只应优选选取发现该海底地理实体的船只，如该船只已被用于其他海底地理实体命名时，则可用调查此海底地理实体的其他船只名称来命名。

（3）根据联合国地名标准化会议Ⅷ/2决议的建议，一般不采用在世人的名字进行命名，如，中国命名的芳伯海山。在特殊情况下，需要采用在世人名字命名时，此人必须是对海洋科学作出过杰出贡献的人。

（4）为体现我国历史文化特点，可以我国杰出历史人物、神话传说、诗词歌赋、名胜古迹等名称命名，选词要求含义健康，积极向上。

如，我国在大洋海底区域即是以《诗经》为命名体系，并以《风》（代表大西洋位置）、《雅》（代表太平洋位置）、《颂》（代表印度洋位置）为主线，命名了诸如乔岳海山、宵征海山、甘雨海山等优雅的名称，极大地体现出中国的传统文化。

（5）相类似的地理实体组群可采用某类集合名称命名，如使用历史人物、神话、星体、星座、动物等，例如下列名称。

Musicians Seamounts （音乐家海山群）	{	Bach Seamount (巴赫海山)
		Brahms Seamount（勃拉姆斯海山）
		Schubert Seamount（舒伯特海山）
Electricians Seamounts （电气学家海山群）	{	Volta Seamount（沃尔特海山）
		Ampere Seamount（安培海山）
		Galvani Seamount（加尔瓦尼海山）
Ursa Minor Ridge and Trough Province （小熊星座海脊和海槽区）	{	Suhail Ridge（狮子座海脊）
		Kochab Ridge（小熊星座海脊）
		Polaris Trough（北极星海槽）

如，中国在SCUFN第24次会议上命名的徐福平顶山、瀛洲海山、蓬莱海山、方丈平顶山海底地理实体群组，即采用了中国古代传说，徐福被秦始皇派遣去寻找"长生不老"的仙药，瀛洲、方丈、蓬莱是位于海上的三座仙山，从那里获取药材，也是徐福的目的地。

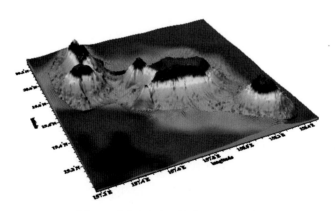

图3-4 徐福平顶山等海底地理实体群

（6）对于形象特征明显的海底地理实体，可采用形象化的词语命名，例如，钩状海脊、马蹄形海山等。但要小心谨慎，除非其形状特征通过地形调查已确认无疑。

如，中国在 SCUFN 第 25 次会议上命名的潜鱼平顶山，其形状类似一条潜水的鱼，故命名。

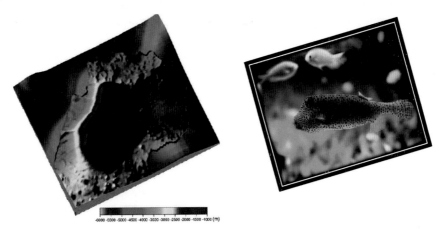

图3-5　潜鱼平顶山

（7）以专有名词或广为人知的地名命名时，应该保持拼写一致。

（8）已经被广泛使用的专名不应再进行翻译，保留其语言形式或音译为汉字表达。

（9）对于历史文献中出现或早已在世人流传并广泛接受的海底地理实体名称，虽其专名不符合通常的命名原则，但为避免混淆，仍沿用历史名称，同时保持汉字完全一致。如，加瓜海脊。

（10）对于已命名的海底地理实体，若某一海底地理实体在历史记载中有两个名称，一般情况下保留较早的名称；若同一名称用于两个不同的海底地理实体，一般将此名称保留给较早使用的海底地理实体。

（11）有数词的应使用汉字。

（12）不应使用公司名、产品名、商品名、商标名等带有商业性质的名称。

四、翻译原则

为便于我国海底地名向国际海底地名委员会提交和在国际范围普及，在命名同时需要将其专名翻译成英文。专名的英文名称一般情况下采用音译，以汉语拼音拼写方式表达。采用固有名词作为专名的，其英文拼写应与国际广泛采用的拼写方式完全一致。英文名称首字母大写，专名汉字之间无空格分隔，与通名之间以一个空格分隔。例如，"徐福平顶山"英文名即为"Xufu Guyot"。

参考文献

樊妙，陈奎英，邢喆，等．2012. SCUFN 海底地形命名规则研究．海洋通报，（6）.

李艳雯，李四海，邢喆．2013. 我国海底地形特征专名命名研究．海洋开发与管理，（2）.

周成虎，程维明．2009. 中国陆地 1∶100 万数字地貌分类体系研究．地球信息科学学报，11(6): 707-724.

Advisory Committee on Undersea Features. 1999. Policiesand guidelines for the standardization ofunderseafeature names. United States Board on Geographic Names, Virginia U.S.

CHERKIS N Z，Palmer T C.2008. ACUF and SCU FN：procedural similarities and differences//The Third international Symposium on Application of Marine Geophysical Data and Undersea Feature Names.Jeiu，Korea: Korean Cartographic Association.

CHERKIS N Z. 2006. The science and practice of naming undersea topographic features//The First International Symposium on Application of MarineGeophysical data. Seoul, Korea: Korean Cartographic Association.

IHO-IOC. 2008. Standardization of Undersea FeatureNames, Bathymetric Publication No.6 (B-6).

Land Information New Zealand (LINZ). 2009. Interim standard for undersea feature names (NZGBS6000). New Zealand Geographic Board, Wellington New Zealand.

第四章 面向海底地名命名的数据处理技术

B-6 文件在"海底地名命名提案编制用户指南"章节中提到"确定海底地名命名的支撑数据包括单波束和多波束水深地形数据、地球物理数据、现势和历史海图资料，以及能反映该实体形态特征的其他可获取资料，数据来源要可靠"。早期，多波束数据并未应用在海底地名申请提案中，海底地名的选取都是在海图上完成的，直到 2002 年，SCUFN 第 15 次会议时，日本水文部表示会提供多波束数据确认其提交的几个海底地名。此后，各国提交至 SCUFN 的海底地名提案中陆续采用了多波束获取的水深地形数据。目前，利用多波束测深数据生成的海底三维 DEM 是 SCFUN 发现和判定海底地理实体的主要依据。本章从海底地名命名的角度，首先介绍多波束测深技术，之后详细介绍以多波束测深数据为基础，在海底地名命名中涉及的主要数据处理技术。

第一节 多波束测深及其处理技术

一、多波束测深技术的发展

近 30 多年以来，国家间争夺海洋权益和海洋资源态势日益激烈，各国都在积极开展海洋调查活动，从而促进了声学海洋探测技术的快速发展。用于海底地形精密和快速测量的多波束探测技术应运这种需求，成为海洋地形测量的一种高新声学探测技术。多波束测深系统是声学技术、计算机技术、导航定位技术和数字化传感器技术等多种技术高度集成的系统。它采取多组阵和广角度发射与接收，形成条幅式高密度水深数据，从而使人们可以快速获得高精度的海底地形数据产品。

1. 国外多波束测量系统的发展

20 世纪 20 年代出现的回声测深仪利用水声换能器垂直向水下发射声波并接收海底回波，根据其回波的时间来确定被测点的水深。利用回声测深仪进行海底地形测量，称为常规水下测量。回声测深仪的出现，对人类认识海底世界起到了划时代的作用。

直到 20 世纪 60 年代早期，大多数水深测量仍然利用单波束测深仪，这些仪器利用每个声波脉冲（ping）进行单点测深，包括宽波束和窄波束两种系统。然而这两种系统的优越性无法兼具，不能既满足高精度测量又实现精细的海底地形图的绘制。

1964 年，SeaBeam 公司和当时的哈里斯反潜战部门共同研究获得了多个窄波束测深技术的专利。SeaBeam 公司为美国海军建造了第一台应用该项技术的测深系统——声呐阵列测深仪（Sonar Array Sounding System，SASS）。SASS 可获得 60° 扇面范围的海底地形状况，它的问世大大地克服了单波束测深仪的缺点。之后，日本电报和电话公司在铺设海底电缆的"黑岛丸"船上安装了一套自动化控制系统，其中一个主要组成部分就是船用多波束回声测深仪系统。1975 年3 月，"黑岛丸"多波束回声测深仪系统正式进行了海上试验，其后投入到日本沿海海缆路由测量和铺设安装测量工作中使用。1976 年，数字化处理及控制硬件技术应用到窄波束测深仪中，从而诞生了第一台实用多波束测深系统，简称SeaBeam 系统。该系统能同时处理 16 个纵摇稳定的波束，并在软件中进行横摇改正，通过波束间内插处理，还可以形成 15 个波束，声线弯曲改正后便获得实测深度。该系统安装在法国国家海洋开发中心的"让·夏科"号船上，并于1977 年春天进行了首次试验工作。其后，日本在"拓洋丸"、"海洋丸"和"白凤丸"三艘调查船上安装了 SeaBeam 系统，并在水深 3 720 米的平坦海底对数据的精度进行了分析研究。

与单波束测深仪相比，多波束测深系统具有测量范围大、速度快、精度及效率高、记录数字化和实时自动绘图等优点，把测深技术从原来的点、线扩展到面，并进一步发展到立体测深和自动成图，使海底地形测量完成得又快又好。多波束测深系统的出现使海底探测技术发生了一场革命性的变化，大大促进了海底调查和科学研究的发展。

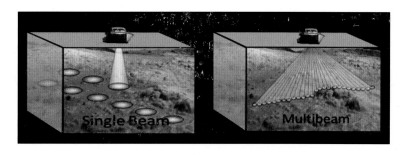

图4-1 单波束水深测量多波束水深测量

资料来源：Dr. Tom Weber, University of New Hampshire Center for Coastal and Ocean Mapping/Joint Hydrographic Center

20世纪70年代中后期，美国通用仪器公司设计研制了用于浅水区测量的博森（BOSUN）浅水多波束回声测深仪系统。它采用了扇形波束测量技术，有21个测量波束，横向覆盖宽度约为水深的2.6倍。该系统各个波束所测量的海底斜距离，经转换为数字信息，连同测量船定位信息和其他信息用磁带存储下来后，通过计算机专用程序处理，最后绘制成图。加拿大水道测量局在"马克斯威尔"号测量船上安装了一套BOSUN系统用于浅水区测量。1986年，在BOSUN系统的基础上装备了电子计算机及若干配套设备，组成一个新的自动水深测深系统，即"宽覆盖水深测量系统"，简称BSSS，商业名称为Hydrochart II，装备在美国国家海洋与大气管理局的近海测量船上。

除SeaBeam系统外，从20世纪80年代中期到90年代初，许多制造公司也开始进入这一领域，研制出不同型号的浅水用和深水用多波束测深系统。1985年，Krupp Atlas公司推出了Hydrosweep系统；1986年，Holming公司和Simrad公司分别推出了Echos XD系统和浅水EM100型系统；Honeywell Elac公司则在1989年推出了BottomChart系统；Simrad公司在1990年研制出深水EM-12型系统。它的EM1000型多波束测深系统（带成像设备）则于1991年问世。除此之外，有的公司还推出了宽带多波束测深仪。这种仪器波束多，覆盖宽度大，适用于较浅水域内的扫海测量和测绘水下地形，如挪威Simrad公司生产的EM950型多波束测深仪共有120个波束，相应的覆盖宽度为水深的7.4倍、5.5倍和4.1倍，测深范围3～300米，测深精度为水深的0.3%。自1993年以来，先后有多台EM950型多波束系统安装在荷兰、美国、挪威等国家的测量船上。

进入90年代后，Reason公司以其高频系列的SeaBat系统加入了多波束探测领域，其他新型浅水多波束测深系统也不断问世，如Atlas公司的Fansweep20

系统；Simard 公司的 EM3000 型系统等，从而使海底地形探测技术日臻完善，并向着高精度、智能化、多功能的组合测深系统方向发展。在新技术开发方面，国际上各多波束系统研制公司正在实施从波束计算机处理软定向向换能器计算机控制硬定向、从单个表层声速改正向连续声速改正等方向发展，其应用也从水深测量发展为兼顾底质探测、目标识别和资源调查等多个方面。

2. 我国多波束测量技术的发展

在 20 世纪 80 年代以前，我国的海洋水深测量主要使用单波束回声测深仪和双频测深仪等，内容局限于水深测量和水下障碍物探测，直到 80 年代末我国才出现自行研制的多功能水深测量自动化系统，即由中国科学院声学研究所和天津海洋测绘研究所联合研制的多功能测深系统。"八五"期间，多波束条带测深技术被国家正式列为重点科研项目，哈尔滨工程大学研制出了我国第一台条带测深仪（H/HCS-017），并于 1997 年 10 月在我国东海进行了第一次正式海上试验，并获得成功。2003 年，中国科学院声学研究所以朱维庆研究员为带头人的科研团队受到国家海洋"863"项目资助，经过多年潜心钻研，研制出了高分辨率测深侧扫声呐实用样机（HRBSSS）。该系统把高分辨率波束形成技术应用于测深侧扫声呐，使声呐能克服多途效应，解决了现有测深侧扫声呐在其正下方附近的测深精度差以及不能检测从不同方向同时到达的回波，难以在复杂地形上工作的缺陷。不同于多波束测深声呐系统，测深侧扫声呐安装在水下载体（如拖鱼）上，左右两侧各有一个由多个平行线阵构成的声呐阵，利用合成孔径声呐技术，可以获得数千个测深点数据。

1994 年以后，原地质矿产部、国家海洋局、中国科学院、中国大洋协会等有关调查研究单位从欧、美国家引进了多台浅水和深水多波束测深系统，包括 SeaBeam2100 型多波束系统、Simard EM 系列多波束系统、ElacBottomChard 多波束系统、Reson Seabat 多波束测深系统及 GeoSwath Plus 等，技术总参数见表 4-1，并在太平洋、南海、东海、黄海等海域进行了一系列海上试验和实测工作，为完成我国海底地形勘查任务、维护国家海洋权益、开发海洋自然资源发挥了重要的作用。由于种种原因，我国自行研制的系统并没有真正投入使用。

表4-1 国外多波束测深系统产品及其主要技术指标

生产厂家	型号	频率/千赫	测深范围/米	波束个数	波束宽度	波扇开角
SEABEAM	SeaBeam1185	180	1～300	126	1.5º × 1.5º	153º
	SeaBeam1005	50	10～1 500	126	1.5º × 1.5º	153º
	SeaBeam2120	20	50～8 000	149	1º × 1º	150º
	SeaBeam2100	12	10～11 000	151	2º × 2º	150º
RESON	SeaBat9001	455	1～140	60	1.5º × 1.5º	90º
	SeaBat8101	240	1～300	101	1.5º × 1.5º	150º
	SeaBat8124	200	1～400	40	3º × 2º	120º
	SeaBat8125	455	1～120	240	0.5º × 0.5º	120º
Simrad	EM3000D	300	0.5～250	254	1.5º × 1.5º	150º
	EM2000	200	1～250	87	1.5º × 1.5º	130º
	EM1002	95	2～1 000	111	2º × 2º	150º
	EM300	30	5～5 000	135	1º × 1º/2º × 4º	150º
Atlas	AtlasFansweep20	100/200	1～600/0.5～300	1440	1.2º × 0.12º	160º

二、多波束测深基本原理

多波束探测技术作为一项全新的高精度海底地形测量手段，在20世纪80年代得到快速发展，有着十分独特的历史背景和技术背景。

一方面，传统的单波束测深仪要实现高精度地形测量，会面临三大难题：① 它采用窄波束技术，单波束的变窄需要以换能器加大为代价，因而增加了测深仪的价格和安装的费用；② 加密测线，又使测量成本大幅度提高；③ 在科学研究、生产开发和工程建设等许多情况下，要求对海底进行全覆盖测量，这是依靠加密测线难以实现的。因此，传统测深技术在新的需求上遇到了极大的挑战。

另一方面，20世纪80年代中后期，高精度定位系统、运动传感器、高性能计算机技术、高分辨率显示系统以及采集技术的数字化和相关的信号处理技术得到迅速发展。定位精度达到了10米或更高，高速计算机使大量复杂运算在瞬间完成已成为可能，数字化采集技术与信号处理技术相互结合、相互推动，使测深技术打破原有的技术框架，进行新的技术构思成为可能。

1. 基本特点

多波束系统在测深过程中，采取沿船只纵向呈小角度，沿船两侧呈大角度扇形向下定向发射声脉冲（如图4-2所示的黄色区域），声波经海底反射和散射后返回接收换能器，并被横向小角度排列的换能器接收单元定向接收，从而形成一系列沿船两侧横向排列的窄波束。绿色为其中一条接收波束，发射波束在海底的投影区同接收波束在海底的投影区相重叠，重叠区即为每个接收波束的波束脚印。

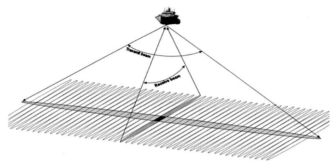

图4-2　多波束测量原理

这种发射接收方法使多波束系统在完成一个完整发射接收过程后，即形成一条由一系列窄波束测点组成的、垂直船只排列的测深剖面。目前多波束系统的脉冲发射扇形角一般都达到或超过150°，并且通过多阵列接收电子单元可产生120个以上的波束，从而使多波束勘测发展为由120个以上的密集测深数据组成的一个150°照射面积的条幅测量。通过适当调整测线间距，使边缘波束区有部分重叠，就可实现全覆盖、无遗漏精密地形测量，无需像传统回声测深仪勘测那样进行数据内插，更不会损失测线间的微地形特征。

由于多波束系统接收的信号中主要以散射信号为主，因此多波束系统经数据处理后除输出水深地形图外，还可输出类似于侧扫声呐的侧扫影像图。这类影像图的分辨率随纵向波束角、横向波束角宽度和系统采样更新率变化，纵向波束角、横向波束角越小，采样更新率越高，影像图的分辨率就越高。条幅影像图经拼接处理，可用于海底微地形和目标物的探测以及进行海底沉积物类型的分类。

2. 多波束系统工作原理

多波束系统换能器发射阵沿船两侧向下激发一个声学能量后，声波即在海水中传播，当遇到海底界面后通过反射和散射又返回换能器接收阵，换能器接收阵实时接收声波的到达角和旅行时。由于海水是非均质声学介质，声波会随介质的各向异性而发生前进方向的改变。因此，根据声波的到达角和旅行时介质的不均一性反演真实海底，是多波束系统的基本工作原理。

具体的测量过程为：换能器阵发射自然形成的扇形声波波束，照射测量船正下方的一条狭窄水域，同时启动计数器；声波在水中传播，碰到该水域底部泥沙等界面时发生反射，因各反射点距离换能器的远近不同，回波返回的时间亦不相同；到达换能器的回波中包含了水下地形的起伏等信息，对回波信号进行固定方向的多波束形成、能量累积、幅度检测等处理。当检测到相应角度的回波信号时记录其计数值，直至所有待测角度的回波都到达时完成一次测量。此时根据对应角度的计数值和测量时的声速可以计算出各反射点到换能器的距离信息，再经过简单的三角变换即可同时测出多点的深度信息。测量船向前运动并进行连续测量，即可完成对船两侧条带形水域水下地形的扫描。

3. 多波束系统的基本组成

多波束系统是由多个子系统组成的综合系统。对于不同的多波束系统，虽然单元组成不同，但大体上可以将系统分为多波束声学系统（MBES）、多波束数据采集系统（MCS）、数据处理系统和外围辅助传感器。

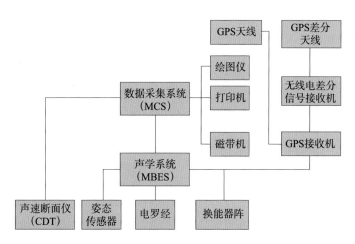

图4-3 多波束基本组成

其中，换能器为多波束的声学系统，负责波束的发射和接收；多波束数据采集系统完成波束的形成和将接收到的声波信号转换为数字信号，并反算其测量距离或记录其往返程时间；外围设备主要包括定位传感器（如 GPS）、姿态传感器（如姿态仪）、声速剖面仪（CDT）和电罗经，主要实现测量船瞬时位置、姿态、航向的测定以及海水中声速传播特性的测定；数据处理系统以工作站为代表，综合声波测量、定位、船姿、声速剖面和潮位等信息，计算波束脚印的坐标和深度，并绘制海底平面或三维图，用于海底的勘察和调查。

三、国内外多波束水深数据处理及管理现状

现代科学技术的成就已使海洋测量步入了一个崭新的时代，在高新技术的支撑下，多波束勘测技术获得了迅速的发展，目前各国已将多波束作为海洋测绘的重要研究领域。多波束数据本身处理的重点就是如何采用科学、合理的方法对深度、姿态、方位、坐标、声速与潮汐等数据进行修正，并对修正后的数据可能存在的误差进行处理，使得测量结果更接近真值。而在对多种空间技术融合应用和信息挖掘日益关注的今天，国内外广大学者和研究机构对于多波束水深数据处理的热点不仅集中在测深数据的精细化处理方面，而且反映在测深和反向散射图像的融合、基于 GIS 等空间信息技术与多波束水深数据的综合利用等领域，而这些也恰恰是海底地名工作和研究的基础。

1. 多波束异常数据处理

在海底地名命名中，对多波束数据处理的要求较高，如果水深数据异常值剔除得不彻底，将会对海底地理实体的判读造成严重影响。严重情况下，可导致海底地理实体的错判、误判。因此，真实、可靠的多波束海底 DEM 是正确判定海底地理特征的前提，这就需要对多波束水深数据中的异常值、错误值、虚假地形等进行必要的编辑，剔除假信号，清理异常值。

由于多波束系统是个复杂的系统，需许多辅助传感器协同工作，加之海洋测量环境的复杂性，造成水深数据中包含大量的系统误差和异常数据，其系统性误差源主要有以下方面：测量船底部波束检测误差，姿态测量误差，换能器安装偏差，时延误差，潮汐测量和模型误差，声速剖面测量及其相关误差。而数据异常值产生的主要原因有：海况条件较差，人为操作失误或系统参数设置不合理，仪器自噪声、环境因素影响等。另外，定位、数据处理等也会对多波束测深值产生影响。有些误差有一定的规律性，可以通过系统分析加以改正或

削弱；有些误差则没有规律，如仪器噪声、海况因素或多波束声呐参数设置不合理等因素，使得测深数据中包含有大量的异常数据，对这类误差通常要滤出。为了真实反映海底地形，正确地解释海底构造成因，必须要尽量削弱系统误差，剔除异常数据（阳凡林，2007）。

多波束数据编辑的模式分为交互式编辑和自动编辑两大类。交互式编辑方式采用人－机交互界面，图形直观性强，可靠性较高，但是速度慢，编辑结果主观性强。由于多波束观测数据量十分庞大，数据处理的任务越来越繁重。传统的基于单测线或单 ping 的手工交互式的编辑方法，不适用大批量多波束测深数据的编辑要求，因此研究快速、可靠、自动地异常数据定位方法的需要越来越强烈。然而自动编辑方法仍不能取代交互式编辑方法，除非原始数据质量较高，噪声较少（阳凡林，2007）。对于多波束异常数据的处理研究国内外的学者进行了大量的研究。

关于异常数据的自动检测，常用的方法有 NOAA 的 COP 法、趋势面滤波等。其中，COP 法是 20 世纪 80 年代，Guenther 等（1982）提出的异常值检测方法。该方法是最早的多波束数据处理方法，通过将测深数据和其邻近的数据进行比较检测异常值，但处理的效果不佳。90 年代后，很多学者提出了大量统计算法检测异常数据，其中 Du (1995) 使用聚类分析算法将异常值和正常数据分隔开来，取得了较好的效果。Duet 等（1996）通过估计测深值的分布密度和直方图来确定异常值，并构建了自动处理流程，能够模拟作业员处理数据的过程。由于趋势面法能够解决粗差消除问题，而对系统误差却无能为力。赵建虎 (2008)提出两步滤波法和半参数法来解决深度数据中的系统差问题。阳凡林等（2007）依据真实海底地形是连续变化的这一原则，基于交互式编辑原理、图像处理中的腐蚀和膨胀算法以及中值滤波相结合的方法来对测深数据粗差进行探测，得到了较好效果。New Hampshire 大学提出一种称为 CUBE（Combined Uncertainty and Bathymetry Estimator）算法，通过对立方格中多个波束值的不确定性分析来推演该位置的真实水深，取得了较好的效果（Calder，2005），能有效改善编辑的速度。该算法已商业化，作为 CARIS 中一个重要的模块。

归纳起来，自动处理大量的测深数据已经存在许多方法，最简单的就是深度和角度门限滤波，更进一步的方法是基于测深点间的角度或距离、局部倾斜度等的滤波，这些都与多分辨率覆盖和趋势面拟合的方法一起被集成在常用的处理软件 CARIS，MBsystem 和 SwathEd 中。可见，国外多波束异常检测理论和实践应用结合得相当紧密。

　　海底 DEM 数据精细化处理的研究热点是多波束脊状假象的消除。造成脊状假象的原因是由于测量海底面与实际海底面之间存在一定的夹角，在实际勘测时往往表现为一边波束上翘，另一边波束下凹。与正常地形不同的是这种现象随航向而改变，在平坦海区表现得尤为明显，在后处理成图中往往出现沿航迹方向的条带状假地形（吴自银等，2005）。

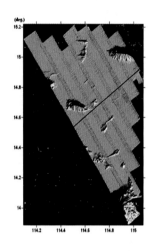
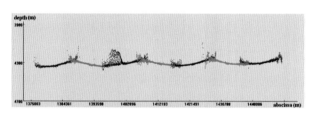

图4-4　多波束脊状现象

　　脊状假象主要是由于横摇偏差消除得不彻底，声速剖面不准确引起的折射误差造成的。对于勘测前的横摇偏差角，主要是选择较平坦海底，沿同一测线往返测量地形，将所有波束沿航线方向进行垂直正投影。如果没有横摇安装误差存在，则两次地形应完全重合，否则在投影图上两次地形会出现交角，调整横摇参数使得交角为零，两次地形重合，记录此时的横摇参数并在勘测时进行改正（吴自银，2005；阳凡林，2007）。一些多波束实时采集软件和后处理软件开发了图形化的工具来计算和显示各个偏移量，如 Neptune 和 CARIS 均有专门的模块，这大大简化了校准试验的分析处理过程，提高了校准试验的效率和精度。对于在已勘测数据基础上消除声呐参数造成的误差，吴自银等（2005）提出将波束点沿航迹方向叠加投影，计算每个扇区与其相邻测线相应扇区中央波束连线与水平线的夹角，并求出其均方根，以此作为横摇偏差误差角度。阳凡林等（2009）根据横摇、横摇变化率与水深误差的线性关系判断尺度或时延误差的存在，据此调整姿态尺度和时延，直到此线性关系消失，得到改正参数，最后进行姿态误差改正，消除瞬时姿态误差的影响，改正结果较理想。

不准确声速剖面也是导致测量误差的一个重要因素。导致声速剖面误差的原因是多方面的：采集声速剖面的仪器精度不够；在测量时输入的声速剖面点不能很好地拟合实际声场；测区声速测站点太稀；没有及时更新声速剖面；因海况因素导致表层声速剧变；声速跃层变化过快等（吴自银，2005）。用误差声速剖面勘测的平坦海区的海底地形往往表现为边缘波束上翘或下凹，自中央至边缘波束逐渐加剧（李家彪，1999）。采用后处理方法对多波束声线折射误差进行改正，加拿大 New Brunswick 大学的海洋测绘研究小组开发了相应的软件后处理模块，但其在算法上作了一些近似，忽略了常梯度声速剖面模型和常声速模型的差别。赵建虎在等效声速剖面的基础上详细研究了面积差法，用于波束的归位。丁继胜进行了声速场的反演研究，在利用已知声速剖面模型进行声速跟踪方面，借助国外开放软件进行了一些声线折射后处理改正验算（阳凡林，2008）。阳凡林（2008）提出一种浅水常梯度声速模型，搜索确定模型参教，根据参数及波束到达角和旅行时对每个波束重新进行归位计算，改善较大。

总之，在进行横摇残差和声线折射假象误差改正后，都能有效消除折射假象。

2. 多波束与声呐数据融合

多波束和侧扫声呐系统是海洋基础测绘中最常用的工具。前者主要用于测深，但也可以成像；后者主要用于成像，同时也可测深；前者测深精度高，成像分辨率低；而后者成像分辨率高，测深精度低（杨凡林，2003）。多波束能够给出海底地物的位置、大小等定量分析数据，但在对海底的定性分析方面还存在不足，而侧扫声呐可根据图像的明暗程度反演海底底质组成，并在此基础上进行地质分类和定性分析（赵建虎，2008）。

由于多波束和侧扫声呐成像精度和图像变形的大小不同，它们的融合存在一些困难。目前，国内外在该领域的相关研究资料较少。2002 年，赵建虎对多波束声呐进行了详细研究，系统地描述了声强数据的处理，并提出了同侧扫声呐图像进行融合的方法，但对具体仿射变形的声图配准工作涉及不多（杨凡林，2003）。2003 年，杨凡林在其博士论文中论述了多波束数据和侧扫声呐数据的配准及融合问题，提出了基于等深线和轮廓线的同名特征点配准法，并对其进行了验证。欧阳壮志等利用小波融合和加权融合等方法对多波束和声呐图像进行融合处理，在图像质量较高的情况下效果较好（欧阳壮志，2013）。

在 SCUFN 海底地名录中存在很多依据成因界定和描述的海底地理实体类型，例如泥火山、盐丘、土丘等。从海底地理实体的识别和类型界定的角度出发，如果能将多波束测量地形和声呐图像信息进行融合分析，就可对海底地理实体进行定性、定量分析和全面、详尽、准确的解释。

3. 多波束与GIS的结合

地理信息系统（Geographic Information System，GIS）是空间信息处理、管理和分析的强大技术手段，从美国国家海洋测量局（U.S. National Ocean Survey，NOS）将其作为航海图自动化制图系统开始，到20世纪90年代，GIS在管理、可视化和定量分析海洋数据方面才逐渐得到应用（赵建虎，2008）。GIS 与多波束技术的结合应用，体现在基于 GIS 平台实现多源水深数据的融合及海陆数据一体化模型的构建，利用 GIS 对多波束数据的管理、发布和服务等方面。

随着海洋测深技术的不断提高以及大量测深相关数据的积累，如何对不同实相、不同来源、不同精度、不同格式的多源数据加以利用是目前数据整合和应用的重点。美国 NGDC 的海洋地质和地球物理部（Marine Geology and Geophysics Division）利用不同时期获得的海陆 DEM 数据、遥感提取的岸线数据、ENC 水深点、LIDAR 数据、多波束和单波束测深数据、历史存档水深数据、SRTM 数据等，通过构建统一基准，最终形成海陆无缝 DEM，经与源数据对比和质量分析，总体效果良好（图 4–5）。该 DEM 主要分布在美国海域、太平洋部分岛屿周边海域，分辨率从 10 ～ 1 000 米不等（樊妙，2013）。

图4-5 美国NGDC海陆无缝DEM数据

到 21 世纪，为了提高多波束数据的共享和服务，互联网 GIS 已经渗透到了海洋科学数据管理、分析的方方面面。对于海量的多波束测深数据，利用 GIS 技术可对其进行有效的管理，提高利用率且便于快速浏览、查询和提取关心区域的原始或离散数据。目前多波束数据共享程度较高的是美国，其中 NGDC（国家地质数据中心）利用互联网 GIS 技术实现了海洋地质数据集，美国水道测量数据以及全球海洋地球物理走航数据，海陆一体化高程模型数据的管理、发布和服务。对于多波束测深数据，NGDC 采用测线方式对 1980 年至今的全球水深实测数据进行组织和管理，用户可选择感兴趣的测线，下载其原始数据、成果数据、元数据等并加以利用（樊妙，2013）。

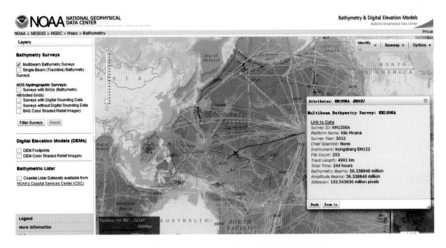

图4-6　美国NGDC多波束水深数据管理网站

美国学术舰队（U.S. Academic Research Fleet）从事的 Rolling Deck to Repository (R2R) 项目将水下数据资源以船舶的方式进行管理和发布，用户可根据船舶查询其航行轨迹，并根据所需选择特定航行进行数据下载利用。

图 4-7　美国R2R项目水下数据资源管理

加利福尼亚国立大学创建了海底制图实验室，将加利福尼亚沿岸的各种海底成果数据进行管理，通过图幅索引，可快速定位到相应区域的成果数据，数据种类包括海底地势图、测线、三维海底 DEM、生境分析数据，实现了多种数据的一体化管理和综合利用（图 4-8）。

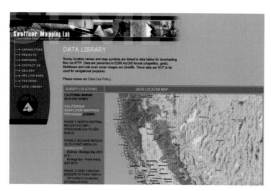

图 4-8 加州沿岸海底成果数据管理

国内也有不少机构和学者开展了基于 GIS 技术的多波束管理研究和应用工作，取得了不少成果（图 4-9）。其中，国家海洋信息中心已建成的数字海洋信息基础框架，通过三维球体的模式实现了对不同分辨率的海底 DEM 成果的管理；马建林利用 Geodatabase 实现多波束相关数据的管理，包括定位数据、测深数据、地形产品及声呐图像数据，并将其应用在多个项目中。邢喆等利用自主开发的海洋空间信息管理系统实现了海底地形数据的入库和集中管理，并通过关键字的形式实现了入库数据的信息查询统计（图 4-9）。

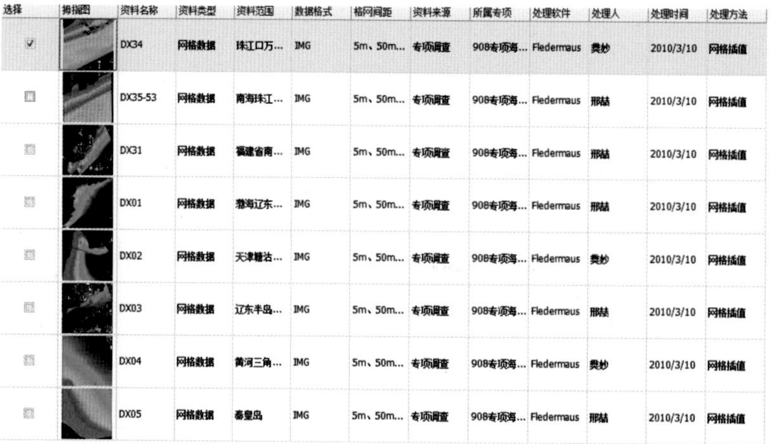

选择	缩略图	资料名称	资料类型	资料范围	数据格式	格网间距	资料来源	所属专项	处理软件	处理人	处理时间	处理方法
✓		DX34	网格数据	珠江口万...	IMG	5m、50m...	专项调查	908专项海...	Fledermaus	龚沙	2010/3/10	网格插值
☐		DX35-53	网格数据	南海珠江...	IMG	5m、50m...	专项调查	908专项海...	Fledermaus	邢喆	2010/3/10	网格插值
☐		DX31	网格数据	福建省南...	IMG	5m、50m...	专项调查	908专项海...	Fledermaus	邢喆	2010/3/10	网格插值
☐		DX01	网格数据	渤海辽东...	IMG	5m、50m...	专项调查	908专项海...	Fledermaus	邢喆	2010/3/10	网格插值
☐		DX02	网格数据	天津塘沽...	IMG	5m、50m...	专项调查	908专项海...	Fledermaus	龚沙	2010/3/10	网格插值
☐		DX03	网格数据	辽东半岛...	IMG	5m、50m...	专项调查	908专项海...	Fledermaus	邢喆	2010/3/10	网格插值
☐		DX04	网格数据	黄河三角...	IMG	5m、50m...	专项调查	908专项海...	Fledermaus	龚沙	2010/3/10	网格插值
☐		DX05	网格数据	秦皇岛...	IMG	5m、50m...	专项调查	908专项海...	Fledermaus	邢喆	2010/3/10	网格插值

图4-9 海洋空间信息管理系统多波束数据管理

第二节　面向海底地名命名的多波束测深数据处理

多波束测深数据构建的海底 DEM 能够比较清晰地反映海底地理特征，尤其是在大型海底构造以及近 9 000 多个海底地理实体已经被命名的今天，利用高精度海底 DEM 发现海底微地貌特征是目前海底地名命名工作的焦点和热点。随着测深仪器精度和性能的提高，以前通过海图确认的海底地名的精确位置和地理特征也在不断地修正和完善中。从历年 SCUFN 会议审议通过的海底地名提案中不难看出，精确的地理位置、详细的地理特征以及真实可靠的支撑数据是发现和确定 SCUFN 海底地名的关键。本节紧密结合 SCUFN 地名提案所需的命名支撑数据，首先分析了近几年来主要国家在提交海底地名提案中的多波束测深数据应用情况；其次根据我国近几年来制作海底地名提案的流程和方法，分别介绍了基于原始测深数据以及已经进行过后处理的多波束离散数据，如何生成 SCUFN 关心的真实测线数据和高精度海底特征 DEM 数据，以及基于 Surfer 的水深图制作方法；最后对海底地名命名中多波束数据处理的关键技术进行了总结和展望。

一、基于CARIS的测线信息提取

CARIS(Computer Aided Resouree Information System) 软件由加拿大 Caris-Universal System 公司开发。CARIS 包括数据处理、分析、产品等多个软件包。其中，CARIS HIPS（Hydrographic Information Processing System）是 CARIS 产品家族中针对声呐测量数据后处理的一个软件包，特别是对海量数据的处理（如多波束测量数据），有着较高的效率和质量控制能力。HIPS 运用当今世界上最先进的算法，对已采集的数量巨大的测深数据自动进行分析和分类，剔除错误的和受干扰的数据。然后对清理后的数据进行一系列的分析、描述和制图。HIPS 生成的图件类型有：测深数据图、水深等值线图、三维数字地形模型（DTM）图、彩色水深图、彩色地形阴影图以及外业质量控制报告等。

HIPS 软件的特点主要体现在内嵌的海洋测量数据清理系统（HDCS）和整个数据处理流程中的数据可视化模型两个方面。HDCS 是对测深、定位、潮位、姿态等数据进行误差处理并将各类测量要素信息进行融合的数据处理模块。

HDCS 采用科学声线跟踪模型以及严谨的误差处理模型对水深数据进行归算、误差识别与分析，采用半自动数据归算、过滤和分类工具增强人机结合工作效率，把更多的误差改正参数应用到最终的水深数据中，以得到接近理想的精度。数据的可视化模型是 HIPS 的又一大特点，从原始数据进入 HIPS 到形成最终的成果，友好的 Windows 风格界面始终伴随着用户，操作直观，流程清晰。

HIPS 的多波束数据处理流程见图 4-10。

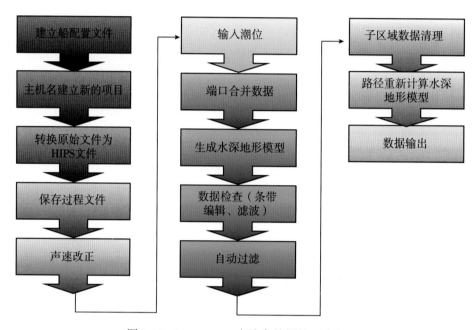

图4-10 CARIS HIPS多波束数据处理流程

● 建立船配置文件，船配置文件包括多波束安装参数，辅助传感器数据以及校准参数，在数据处理时应用于多波束数据进行各项参数的改正。

● 数据转换，将不同多波束系统的数据格式转换成 HIPS 数据格式。

● 数据校准，对数据进行校准，得出数据采集时 roll、pitch、time delay 以及 yaw 的补偿值。

● 导航数据处理，检查和清理定位的跳点，内插数据。

● 水深数据处理，进行声速改正，潮位改正，合并船型文件来进行参数改正。

● 水深数据清理，对水深数据中的噪声和错误数据进行清理和删除。

● 海底表面的生成，生成海底地形模型，直观显示海底地形。

● 数据输出。

测线是测量仪器及其载体的探测路线，多波束测线分为计划测线和实际测线。计划测线是测量前，综合考虑任务工作量、地形特点、等深线走势等多种因素，指导调查船测量的航行安排；实际测线数据是调查船在计划测线的指导下，在实际测量过程中航行的真实轨迹。在进行测量时，为能够采集到海区内足够的海底地形测量数据，真实反映海底地形地貌起伏的状况，且能够考虑到测量仪器载体的机动性和测量的效率、费用、安全等因素，测线的设计和布设尤为重要。由于测线反映了船舶的真实轨迹，在 SCUFN 海底地名提案中需要记录获得海底地理实体的测线信息，绘制测线分布图。

测线信息的获取有多种途径，在船舶航行过程中，GPS 导航数据被有效地记录在原始测深数据中，因此根据多波束原始测深数据，可以提取出船舶的真实航迹信息。

多波束原始数据内容非常丰富，其采样率又高，以二进制来存储每小时就达数兆字节（高金耀等，2002）。为节省数据存储空间，多波束系统绝大部分采用长度为 1、2、4 的无符号整数或有符号整数以二进制方式存储数据。由于多波束测深仪器各异，因此由其采集的原始多波束数据的存储格式也不尽相同，都有其自己的文件格式。表 4-2 列出了主要的多波束仪器及其自带的数据格式。

表4-2　主要的多波束仪器及自带的数据格式

仪器型号	生产厂家	文件格式
EM1002S、EM3002D、EM3000D、EM950	挪威Kongsberg Simrad	ALL
ELAC MKⅡ180、Elac Bottom Chart 1180/1050、Seabeam 1180	德国ELAC	XSE
GeoSwath Plus	英国GeoAcoustics	RDF
Seabat8101	美国RESON	PDS
SeaBeam系列		MB41

多波束数据处理软件都能够在原始数据的基础上提取中央波束，生成文本或其他格式文件，经过处理最终形成航迹线。利用 CARIS 提取航迹线可以通过格式转换生成 shp 格式，可直接在多个软件和平台上加以利用，也可作为海底地名综合管理地理信息系统的数据源对地名相关数据进行管理。CARIS 可接受

超过30个类型的文件格式。下面具体介绍如何利用CARIS针对原始测深数据提取航迹信息。

1. 原始水深数据导入

在CARIS中建立好工程文件，通过File->Import->ConversionWizard向导对话框完成水深数据导入，选择原始水深数据的格式如XTF，XSE等将其转换为HDCS格式。选择坐标系时，geographic为地理坐标系，不需指定投影；而ground为平面坐标，需要指定投影坐标系，该处设置的结果仅用于显示。

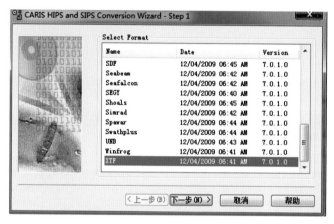

图4-11　原始水深数据导入向导框

导入成功后，通过File -> Open Project可以打开导入的水深数据，如图4-12所示，蓝色直线即为船舶航行轨迹。

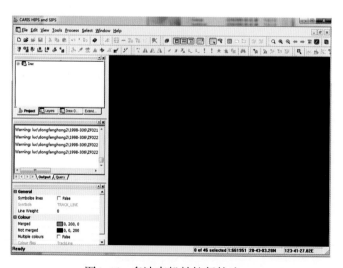

图4-12　多波束船舶航行轨迹

2. 定位数据清理

对定位数据的处理主要通过 Tools-> Navigation Editor 来完成跳点的清除、转向线等水深数据误差较大区域的删除。在 CARIS 中编辑定位数据，选中一条线后，执行 Tools-> Navigation Editor 命令，用鼠标选中跳点，然后选直接剔除或用插值代替被剔除值即可。

3. 测线数据导出

由于只需要导出测线信息，因此其他的改正和处理工作可以略过，直接进行测线数据导出。选择 File -> Export…命令，弹出 Export 向导窗口，选择 HIPS to CARIS Map 选项，将测线信息输出为 CARIS 图文件（图 4-13）。

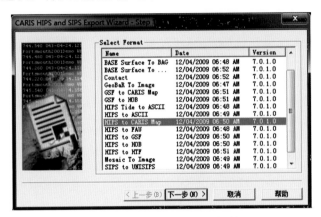

图4-13　CARIS文件输出对话框

4. 测线数据保存

选择"Export Track Line"，然后点击下一步，输入导出的测线文件名，测线信息即保存为 CARIS 格式的图文件（图 4-14）。

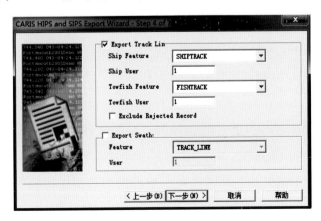

图4-14　CARIS测线文件导出对话框

二、基于Fledermaus的海底DEM构建

DEM 是地形结构和地形特征的综合信息，是描述地形特征、地貌结构的基础数据。陆地的 DEM 可通过航天、航空及雷达技术获得。目前国内外学者利用 ASTER（高级星载热辐射反射辐射计）立体成像对构建的数字高程模型平均精度可达 30 米，Didgital Globe 公司更是推出了利用立体成像卫星数据制作的全球 1 米分辨率的数字高程数据。在对海洋进行研究中，我们可把海底看做是类似地表的地理空间，具有与陆地地表相似的平原、高山、丘陵、盆地以及沟壑，通过陆地 DEM 的生产方式，结合海洋 DEM 的特殊性进行插值计算，从而形成海底的 DEM。

Fledermaus 是一套功能强大的交互式三维数据可视化系统。它可以帮助用户完成包括海洋（海岸、海底）资源调查与制图、环境影响评估、地质调查以及各种研究等在内的工作。全新的数据挖掘技术包括 ShiftScape^{TM} 漫游引擎和 Bat（三维输入设备），用以完成直观的三维地理信息数据的挖掘与分析。该系统广泛支持大量工业数据格式的直接输入。面向对象的数据类型包括：数字地形图、点数据集合、线、多边形、卫星影像等都可以直接导入进行显示分析。由于采用灵活的软件结构设计，Fledermaus 轻松实现自定制的功能扩展。输出 MPEG1 格式、MPEG2 格式或者原始帧图像。

Fledermaus 侧重校正后的海量数据的快速网格化，其采用 moving average 的插值方法，使得网格化数据量达到 GB 级，且保留了无数据区域空白，不进行插值，保证了海岛等陆地的真实性。Fledermaus 加入了与 ESRI ArcGIS 之间的互操作，用户可以在二者之间任意访问和加载数据，无需进行格式转换，增强了 Fledermaus 与 GIS 平台之间的互通性。

Fledermaus 由几大模块组成，其中 DMagic 用于二维数据显示，主要输入三维点数据，完成 DTM 表面的创建、显示和分析，地形颜色的创建和编辑以及网格数据的输出。Fledermaus 是主要的三维场景可视化和分析系统，可基于生成的 DTM 数据进行等值线提取、表面掩膜、重采样分析，能够加入其他三维场景数据，支持多种格式的数据与 DTM 进行叠加显示等。FMGeocoder 用来分析和可视化从多波束声呐和侧扫声呐获得的后向散射数据，可完成多个原始数据的拼接和参数改正并生成二维海底图像。Crosscheck 是一个统计分析工具，用于

点与三维 DTM 表面比对统计分析。VesselManager 可用来收集远程移动设备、船只航行轨迹的实时数据，并进行跟踪、测量和分析。Omniviewer 为数据浏览工具，目的是为了让用户清楚数据的格式和内容，其支持多种格式且大数据量文件浏览，包括简单 ASCII XYZ 文件以及诸如 HDCS 格式等其他数据格式的查看。FMMidwater 用来从声呐文件中快速提取相关的水柱信息，可将原始声呐文件转换为 GWC 格式（Generic Water Column format）便于后期处理和可视化。RoutePlanner 交互式路径规划工具。IView4D 为免费的 sd 及场景浏览软件，如果没有 Fledermaus 软件许可，可通过此软件浏览 Fledermaus 生成的 sd 及场景文件。FMcommand 是系统初始化及应用程序启动工具，提供 cmdop 的 GUI 接口，管理例如 Bat 之类的三维输入设备。

1. 创建工程文件

打开 DMagic，在 File 中选择 Create Project，由于 fledermaus 无法识别中文，因此创建的工程目录和名称均不能出现中文字符，输入工程名称，选择水平及垂直坐标系，如图 4-15 所示，工程文件建立成功。

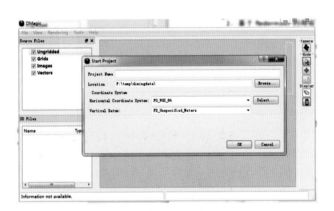

图4-15　利用DMagic创建工程文件

工程文件创建好后，DMagic 在相应的目录下创建了一系列文件夹将过程数据及结果数据进行分类存放，其中以"SD"命名的文件夹下存放的是即将生成的海底 DEM 文件。

2. 导入离散水深数据

右键点击左侧"Source Files"视图框中的"Ungridded->Add Ungridded

Data..",弹出数据加载对话框,可选择加载文件或文件夹的方式加入离散数据,也可加入 HIPS 数据。如图 4-16 左图所示,点击下一步,在 Input Configuration 中设置水深 X、Y、Z 值。其中,X Value 为对应的原始水深数据的经度;Y Value 为纬度;Z Value 为深度,如有变化可通过"Configure.."进行设置(图 4-16 右图)。

图4-16 数据加载对话框参数设置对话框

设置完成后,点击"Finish"按钮,即完成离散数据的加载,离散数据便以中央波束的形式显示在图 4-17 右侧图形的窗口中。以何种方式显示可右键点击 Ungridded 进行相应的参数设置。

图4-17 加载完成的水深离散数据

3. 生成DEM

右键点击"Ungridded-> Grid Ungridded File(s)",弹出网格化水深数据向导框,点击下一步,设置格网参数对水深数据进行网格化操作。在 Griding Type 中选择插值方法,Weight Diameter 中设置参与权重的窗口大小,"3"为插值单元周边 8 个相邻单元,一般设置为奇数,数值越大,参与计算的相邻点越多,生成的 DEM 也就越平滑。Cell Size 为格网单元大小,单位由数据决定。如果数据为经纬度格式,插值格网以度为单位;如果是平面坐标,以米为单位(图 4-18)。Data Bounds 标签页是获取的当前工程中的数据范围,包括平面坐标范围和深度范围。

图4-18　格网参数设置对话框

点击下一步,设置 DEM 的渲染颜色并输入 DEM 的名称,根据离散水深数据生成的 DEM 以后缀为".SD"的格式存放在工程文件中的 SD 文件夹中(图 4-19)。

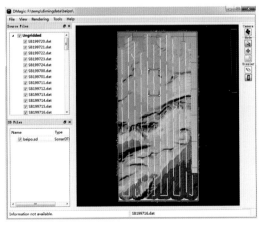

图4-19　插值渲染后的DEM

4. DEM输出

在 DMagic 中，提供了多种格式可将生成的 DEM 输出为其他常见格式，例如文本文件，GMT Grid 以及 ArcView 的 Grid 格式。

右键点击生成的 SD 文件，选择"Export Surface.."，弹出如图 4-20 所示的对话框，可根据需要选择输出的文件格式。

图4-20　DEM输出对话框

5. 在Fledermaus中设置DEM相关参数

在 Fledermaus 中可对生成的 DEM 进行三维显示设置、进行断面分析、录制飞行视频以及输出三维图像等。在图 4-21 左下的 DTM 标签页中，选择 Tools->Export Surface as Image 可将当前渲染好的 DEM 输出为带坐标的图像格式。在 Color Map 中可以设置 DEM 的颜色，在 Shading 标签页中设置三维显示参数因子。

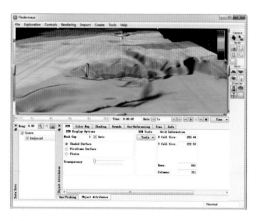

图4-21　三维海底DEM在Fledermaus中的显示

6. 剖面图的绘制

剖面图是判定海底地理实体类型的主要依据（图 4-22），通常在地理实体的显著地形特征位置，利用剖面图可得出其高度、起伏形态、坡度等的判定。例如，在海山、海丘等地理实体的界定中，最高点至基地的相对高度，可在剖面图上获得。

在 Fledermaus 中，在图形窗口中定位至目标位置，右键拖住鼠标即可绘制断面图，其中图形窗口中的蓝色线段即为鼠标的拖拽路径，相应的断面图显示在 Profiling 窗口中，在 Profiling 窗口右下角的 Tools 中可载入及输出剖面文件。

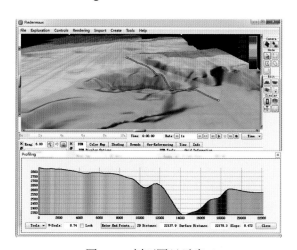

图4-22 剖面图显示窗口

三、基于Surfer的水深图制作

Surfer 是美国 Golder 软件公司的产品，主要用于绘制等值线图及相应的三维地形，是在 Windows 操作系统下最强大、最灵活和较容易使用的绘制等值线图及三维立体图软件包。自 1984 年以来在各国科技工作者中使用得越来越普遍，越来越多的地质学家、地球物理学家、海洋研究学家等已经发现了 Surfer 简易操作和绘图功能强大的特点。Surfer 的主要功能包括：

● 支持 12 种内插方法对离散的 XYZ 数据格网化，生成规则的格网数据。

● 强大的地学数据分析功能，支持多达 12 种变异函数理论模型，可计算残差，进行地形分析和计算体积、面积等。

● 具有各种函数的运算功能。

● 绘制等值线图（Contour Maps）。

- 可输入底图以便搭配 3D 图形 / 底图 (Base Maps)。

- 可做文字标志和粘贴图（Post Maps）。

- 图形可做影像处理 / 影像图 (Image Maps)。

- 绘制矢量地图（Vector Maps）。

- 绘制曲面图（Surface）。

- 对所选两个以上的地图进行堆叠生成堆叠图（Stack maps）。

- 在相同坐标系统下合并所选的地图生成叠置图（Overlay maps）。

- 图形输入和输出可选 EMF、ESRI shapfile、PDF、WMF、JPG 等多种格式。

- 文本文字上下标、数字符号、线型符号、颜色等可自定义。

- 用户可以利用脚本语言（CS Scripter）通过编程方便地控制 Surfer 的绘图，或在其他应用程序中调用 Surfer 绘制的图件。

1. Surfer中的格网文件的生成

在生成基于格网的地图如等值线图前，要先选用一定的内插法对离散数据网格化，生成规则的格网文件（后缀名 *.grd）。格网文件可以通过 Fledermaus、GMT 软件等导出，也可以通过文本文件在 Surfer 中生成。

在最新的 Surfer11 版本中，选择菜单命令"Grid（格网）| Data（数据）"，则弹出"打开对话框"，在其中选择用来产生格网文件的 XYZ 数据文件（图4-23）。

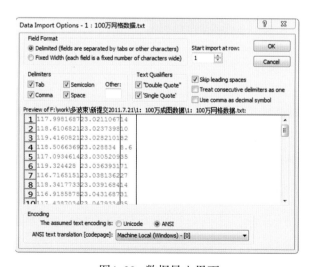

图4-23　数据导入界面

单击"打开"按钮，"离散数据插值"对话框出现（图 4-24）；或者通过双击数据文件名也可以打开"离散数据插值"对话框。

图4-24　离散数据插值对话框

在"离散数据插值"对话框里可调整格网的各项参数，包括插值方法，格网间距等。当创建格网完成的时候，系统默认产生一个与数据文件有相同路径的文件名，即以 [.grd] 为后缀名的格网文件。

2. 绘制三维图

三维图是对海底地理实体的直观描述，通过三维图可以初步判别出海底地理实体的通名类别。

选择菜单命令"Map（地图）| 3D Surface（三维图）| New 3D Surface（新建三维图）"，或者单击主要工具栏上的"3D Surface（三维图）"命令按钮，则弹出"Open Grid（打开格网）"对话框，在文件列表中选择格网文件（*.grd）。

单击"打开"按钮，在绘图窗口中使用系统默认参数绘制新建的三维图（图4-25）。

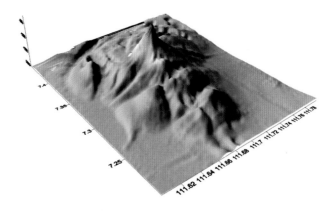

图4-25　默认绘制的新建三维图

在绘图窗口双击三维图，弹出"Map：3D Surface Properties（三维图属性）"对话框，在"General（常规）"选项卡下，可以进行三维图的"Color Scale（颜色尺度）"、"Lighting（光照）"等的设置（图4-26）。

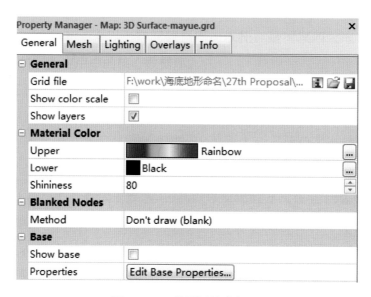

图4-26　三维图属性常规设置

在"Object Manager（对象管理器）"中双击三维图图名，弹出"Map：Properties Manager（属性管理器）"对话框，设置三维图的"View（视角模式）"（图4-27）、"Scale（缩放比例）"、"Limits（横纵坐标范围）"等。

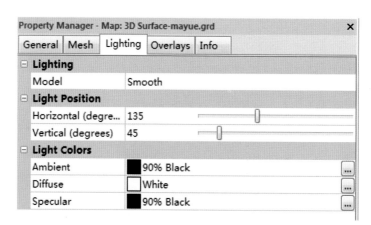

图4-27　三维图视角模式设置

双击 X/Y/Z 坐标轴，弹出坐标轴的属性对话框，可以进行坐标轴的设置。

图4-28 三维图坐标轴设置

设置完成后，单击"确定"按钮，在绘图窗口中重新绘制曲面图。

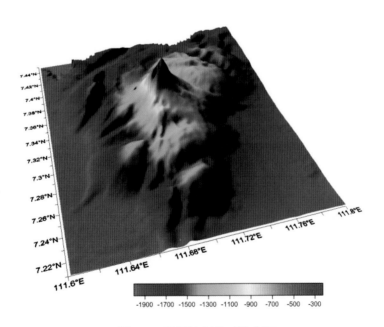

图4-29 重新绘制的三维曲面

3. 绘制等值线图

等值线图是判断海底地理实体通名的重要依据，Surfer 提供了强大的等值线绘制功能。

选择菜单命令"Map（地图）| Contour Maps（等值线图）| New Contour Maps（新建等值线图）"，或者单击主要工具栏上的"Contour Maps（等值线图）" 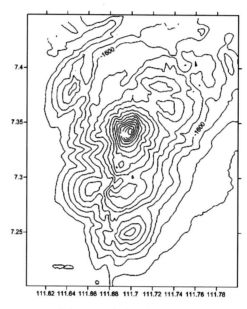 命令按钮，则弹出"Open Grid（打开格网）"对话框，在文件列表中选择格网文件（*.grd）。

单击"打开"按钮，在绘图窗口中使用系统默认参数绘制新建的等值线图（图4-30）。

图4-30 默认绘制的等值线

在绘图窗口的等值线图区域里双击鼠标，则弹出"Map：Contours Properties（等值线图属性）"对话框，点选"Levels（等级）"选项卡，在"Levels（等级）"选项卡中显示了等值线图等级和等值线图属性，在其中的"Level Method（等级方法）"中，选择"Advanced"，单击"Edit Levels"按钮（图4-31）。

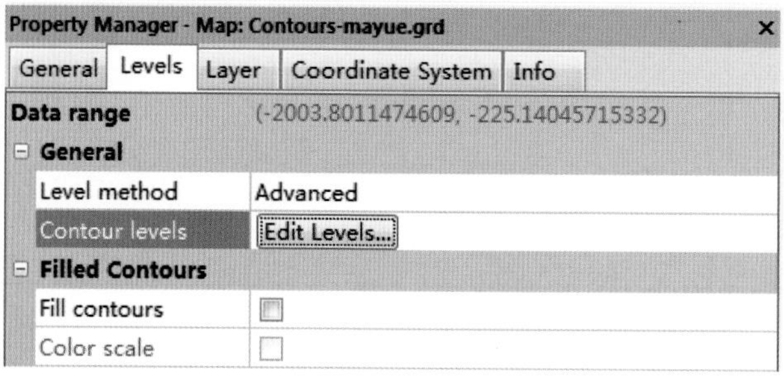

图4-31 等值线图属性设置

在弹出的"Contour Levels（等值线图等级）"对话框中，设置 Minimum（最小等级）、Maximum（最大等级）和 Interva（间隔）（图 4-32）。

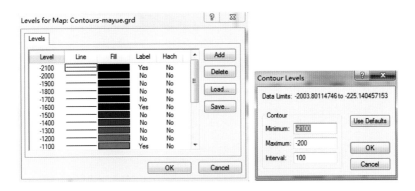

图4-32 等值线等级及间隔设置

双击单个元素的线样式可修改其线属性，在地图上强调显示某个等值线的等级（图 4-33）。一般为首曲线加粗。在"Line Properties（线属性）"对话框中，选择线的 Color（颜色）、Style（风格）和 Width（宽度）。

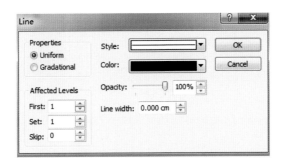

图4-33 等值线颜色及线形设置

在等值线图上右击鼠标，在弹出的菜单中选择"Edit Contour Labels（编辑等值线图标志）"命令。绘图窗口中鼠标箭头变为黑色的箭头表明处于编辑模式；按住 Ctrl 键，在等值线图上可以自定义编辑标注信息。

通常用于海底地名命名的等值线图以晕渲图为底图，再辅以等值线进行说明，因此，可先生成三维图，然后在"Object Manager（对象管理器）"中双击三维图图名，弹出"Map：Properties Manager（属性管理器）"对话框，设置三维图的"View（视角模式）"，Rotation（旋转角度）＝0、Tilt（倾斜角度）＝90、Field of view（视图比例）＝1.0（图 4-34）。

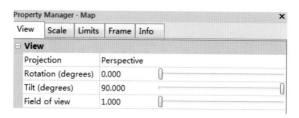

图4-34 底图设置

最后通过对两个图层的叠加操作，生成编辑后的等值线图（图 4-35）。

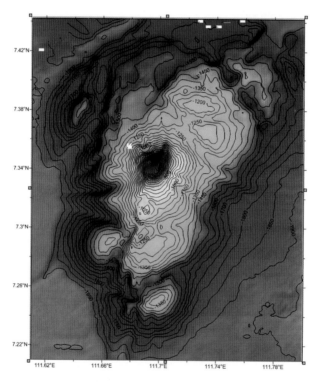

图4-35 重新绘制的等值线

四、关键技术应用及展望

在近几年的海底地名提案制作中，对多波束数据的处理除了常规方法外，一些关键技术也被应用在面向海底地名的数据处理之中，最常用的是对存在空白数据的 DEM 的可靠填补。另外根据近年的形势，利用多种地球物理资料对海底地理实体进行科学解释和分析，则是今后地名命名工作和研究的趋势。

1. 空白区域的填补

由于受边界误差剔除、测量过程中自噪声和海况、测线布设过于稀疏、数据或测线丢失等因素的影响，利用多波束数据生成高分辨率 DEM 时，常常会存在一些水深空值单元或区域（包括空白数据、无效数据和异常数据等），在制作海底地名命名提案时，必须对这些数据空值区域进行可靠填补。一般采取插值算法对地形单元进行小区域空白数据的填补。

（1）反距离权重插值。距离加权倒数（IDW，Inverse Distance Weighted），是一种常用而简便的空间插值方法，它以插值点与样本点间的距离为权重进行加权平均，离插值点越近的样本点赋予的权重越大。

（2）Kriging 插值。克里格插值 (Kriging) 又称空间局部插值法，是以变异函数理论和结构分析为基础，在有限区域内对区域化变量进行无偏最优估计的一种方法，是地学统计的主要方法之一。南非矿产工程师 D.R.Krige（1951）在寻找金矿时首次运用了这种方法。法国著名统计学家 G．Matheron 随后将该方法理论化、系统化，并命名为 Kriging，即克里格方法。克里格法是根据待插值点与邻近实测高程点的空间位置，对待插值点的高程值进行线性无偏最优估计，通过生成一个关于高程的克里格插值图来表达研究区域的原始地形。

（3）Spline 插值。样条函数法是在空间插值时准确地通过实测样点拟合出连续光滑的表面。

（4）TIN 插值。TIN 是不规则三角网（Triangulated Irregular Network）的简称，即通过从不规则分布的数据点生成的连续三角面来逼近地形表面。因为 TIN 中高程数据是通过不规则采样获得的，可以在地形变化剧烈的区域应用可变的点密度，来生成一个高效精确的表面模型。在所有三角网中，狄洛尼（Delaunary）三角网在地形拟合方面表现得最为出色，因此常常被用于 TIN 的生成。狄洛尼三角网由对应 Voronoi 多边形共边的点连接而成，其遵守平面图形的欧拉定理，为相互邻接且互不重复的三角形的集合，每一个三角形的外接圆内不包含其他的点（李志林，2001）。这种特性决定了 TIN 数据结构能够精确地表示任何类型的表面。

上述 4 种常用插值方法在空白区域填补中各有优缺点，一般 Spline 插值法在地形起伏较大的区域，填补效果最为理想，尤其是高海拔的山区；而 Kriging 插值法在低山区域插值填补效果最好，如高地和盆地；TIN 插值法在水深超过

4 000 米的深海平原区域精度最高。在海底平原区域上述 4 种插值方法均可考虑，只是 TIN 插值法效果为最优。而 IDW 的插值效果为 4 种方法中精度最低。

考虑到空白区域的大小，IDW 插值方法无论在多大的网格单元下，均差均大于其他 3 种插值方法。Spline 插值适合中小空值区域，一般小于 16 个网格单元，效果最为理想。Kriging 插值法适合中等大小的空值区域，空值单元范围在 16 ～ 19 个网格区间（图 4–36）。TIN 插值方法在较大的空白区域，填补效果优于其他几种方法。然而随着空白区域的增大，各插值方法的误差均呈线性增长，误差值已超过限差规定，因此应该考虑其他的填补方法，如利用其他数据源进行填补，单纯周边区域插值填补已经不能满足要求。

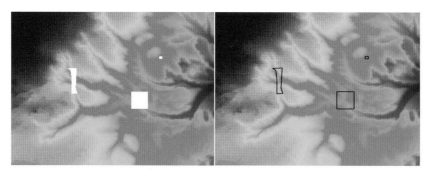

（a）原始空白   （b）kriging 填补后效果

图4-36　插值前后比对

2. 地球物理资料的综合应用

多波束测深系统可获得高密度、高精度的测点位置信息；侧扫声呐可获得高分辨率的海底影像，能够清晰、直观地反映海底状况；浅地层剖面测量能够探测水下浅部地层结构、构造，可以清晰地反映海底的沉积结构和地层变化；高分辨率地震仪是查明晚第四系（从数十米到上百米）沉积结构与厚度、判断晚第四纪（甚至第四纪）断层存在及其活动性的有效方法（刘保华等，2007），通过对三维地震资料的处理可以创建陆坡坡度、粗糙度、地貌类型等属性。海底地名命名并不是简单地起个名字，其中包含了海底地理实体类型、构造和成因的科学解释，地球物理探测资料的结合应用，对科学、全面把握和解释海底地形、地貌特征具有非常重要的作用（图 4–37）。

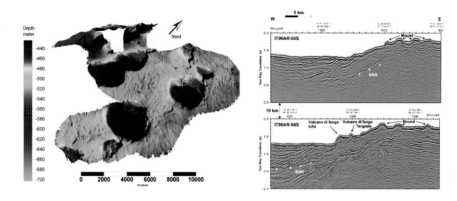

图4-37 地球物理资料在海底地名命名中的综合应用

参考文献

陈蕊 . 2008. SRTM 高程数据空值区域的填补方法及分析 . 昆明 : 昆明理工大学 .

樊妙，章任群，金继业 . 2013. 美国海洋测绘数据的共享与管理及对我国的启示 . 海洋通报 , 32(3): 246-250.

高金耀，方银霞，徐赛英 . 2002. 原始多波束数据的格式转换与统一 . 海洋通报 , 21(6): 68-74.

侯世喜，黄谟涛，欧阳永忠，等 . 2003. 多波束数据处理软件的应用与启示 . 海洋测绘 , 23(6): 14-17.

李家彪 . 1999. 多波束勘测原理技术和方法 . 北京 : 海洋出版社 .

李志林，朱庆 . 2001. 数字高程模型 . 武汉 : 武汉大学出版社 .

凌峰，王乘，张秋文 . 2006. 基于 ASTER 数据和空间误差分析的 SRTM 无效区域填充 . 华中科技 大学学报 (自然科学版), 34(12): 108-11.

刘保华，丁继胜，裴彦良，等 . 2005. 海洋地球物理探测技术及其在近海工程中的应用 . 海洋科学 进展 , 23(3): 374-384.

马建林 . 2005. 基于多波束和 ArcGIS 的数字海底地形研究及其实现 . 杭州 : 浙江大学 .

欧阳壮志，欧阳明达 . 2013. 多波束图像与侧扫声呐图像的配准及融合 . 测绘技术装备 , 15(3): 28-31.

王建，白世彪，陈晔 . 2004. Surfer 8 地理信息制图 . 北京 : 中国地图出版社 .

吴自银，金翔龙，郑玉龙，等 . 2005. 多波束测深边缘波束误差的综合校正 . 海洋学报 , 27(4): 88-94.

邢喆，奚歌，章任群，等 . 2013. 海洋空间信息管理与服务平台设计与实现 . 测绘科学 , 38(6): 185-187.

阳凡林，李家彪，吴自银，等 . 2009. 多波束测深瞬时姿态误差的改正方法 . 测绘学报 , 38(5): 450-456.

阳凡林，李家彪，吴自银，等 . 2008. 浅水多波束勘测数据精细处理方法 . 测绘学报 , 37(4): 444-450.

阳凡林，吴自银，独知行，等 . 2006. 多波束声呐和侧扫声呐数字信息的配准及融合 . 武汉大学学报 · 信息科学版 , 31(8): 740-743.

阳凡林 . 2003. 多波束和侧扫声呐数据融合及其在海底底质分类中的应用 . 武汉 : 武汉大学 .

游松材，孙朝阳 . 2005. 中国区域 SRTM90m 数字高程数据空值区域的填补方法比较 . 地理科学进展 , 24(6): 88-92.

赵建虎 . 2008. 多波束测深及图像数据处理 . 武汉 : 武汉大学出版社 .

Grohman G, Kroenung G, Strebeck J. 2006. Filling SRTM voids: The delta surface fill method. Photogrammetric Engineering and Remote Sensing, 72 (3), 213-216.

Kongsberg Simrad Operator Manua1. EM series datagram formats [S/OL].[2009 06-15]. http：//www. kongsberg-simrad.com/.

Peter Doucette, Kate Beard. 2000. Exploring the capability of some GIS surface interpolators for DEM gap fill[J]. Photogrammetric Engineering and Remote Sensing, 881-888.

Reuter H I, Nelson A, Jarvis A. 2007. An evaluation of void -filling interpolation methods for SRTM data. International Journal of Geographical Information Science, 21(9): 983-1008.

第五章　海底地名管理与
服务信息系统建设

　　地理信息系统也是描述、存储、分析和输出空间信息的理论和方法的一门新兴交叉学科。同时，地理信息系统（GIS，Geographic Information System）也是一种决策支持系统，它具有信息系统的各种特点。地理信息系统与其他系统的主要区别是存储地理位置及与该位置有关的地物属性信息，是一种可以对空间信息进行输入、存储、查询、分析和显示的实用性很强的信息系统工具软件。GIS 可以分为 4 个部分（图 5-1）。

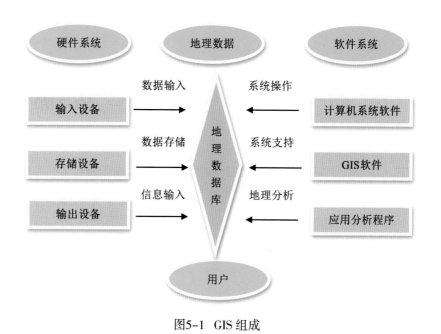

图5-1　GIS 组成

　　（1）硬件系统：是处理、存储、输入/输出等各种物理设备的总称。硬件的性能影响到软件对数据的处理速度，使用是否方便及系统的处理能力。

　　（2）软件系统：不仅包含 GIS 软件，还包括计算机系统软件及为满足特定应用需求而开发的专业应用软件。

（3）地理数据：是指以地球表面空间位置为参照的自然、社会和人文经济等数据，可以是图形、图像、文字、表格和数字等，精确的可用数据可以影响到查询及分析应用的结果。

（4）开发、管理和使用人员：是 GIS 中最重要的组成部分，地理信息系统专业人员是地理信息系统成功应用的关键。仅有软硬件和数据还不能构成完整的地理信息系统，需要人进行系统组织、管理、维护和数据更新、系统扩充与完善，并灵活采用分析模型提取多种信息，为研究决策服务。

GIS 技术把地图这种独特的视觉化效果和地理分析功能与一般的数据库操作（例如查询和统计分析等）集成在一起，其直观可视化的特点，已经被各行各业用于建立各种不同尺度的空间数据库和决策支持系统，向用户提供多种形式的空间查询、空间分析和辅助规划决策功能。由于地名数据也是与地理位置紧密相关的空间数据，因此能够通过 GIS 直观呈现给地名工作者和关注地名的大众。在地名整理工作中，GIS 具有如下有益功能。

1. 地名实体融合

从 GIS 最基本的功能出发，在地名整理的过程中，可以将地名与空间影像（如卫星遥感影像或海底三维地形影像）叠加显示，利于抽象地名表达的形象化和具体化，通过空间可视化表达加深人们对地名的认识。

2. 地名位置校正

地名位置校正分为位置校正和类型校正两个部分。由于 GIS 的直观可视化特点，在地名与空间影像叠加显示的情况下，如果影像配准足够准确，则可以通过影像与现有地名的对比，发现特征地物与地名的位置是否存在偏差，以及地物类型与地名分类的差异，即可开展位置校正与类型校正。尤其是在人迹罕至或者人类难以到达的地区，更能体现地名位置校正的优势。

3. 重复地名处理

由于 GIS 总是与一个或者多个特定的空间数据库相关联，因此，可以借助数据库的强大功能，对数据库进行空间位置的精确查询，轻松识别重复的地名条目，并根据命名规则剔除或者修改重复的地名，实现地名的排重处理。

4. 地名历史变迁

由于很多地理实体的命名不断变化，可以借助 GIS 手段，根据时间序列定位显示不同时期的地名，从而有助于分析研究地名的历史沿革和演化过程。

5. 地名管理

除了前面已经提到的地名位置和类型校正之外，还可以通过 GIS 对地名词条进行全程管理，包括已有地名条目的变更、更新，以及新地名的申报、审核与发布等业务流程的管理。

本章介绍了借助 GIS 数据管理和可视化技术手段，自主开发的我国海底地名数据库和信息管理系统。通过该系统实现海底地名的显示和发布，展示已有的海底地名提案，包括与之有关的多媒体和文字资料，为管理机构和社会公众检索我国和全球的海底地名提供便利，充分调动有关海洋科研、调查机构和社会力量，积极探索这些空白的海底世界，拓展我国的海洋活动空间，争取更大的海洋权益，扩大我国海底地名命名工作在国内外的影响。

第一节　海底地名系统建设现状

一、《GEBCO海底地名辞典》建设情况

《GEBCO 海底地名辞典》是 1983 年第九次 IOC/IHO 通用大洋水深图指导委员会会议期间提出、由 IHO 负责编制的，用于 GEBCO 第 5 版图集和 IHO 小比例尺（1∶2 500 000 及更小）国际海图系列的编制。

该辞典分为两部分。第一部分是用于 GEBCO 和国际海图系列的海底地理实体地名辞典，为数字化目录，除坐标外，还包含了关于地形和命名理由等属性。SCUFN 已审议通过的海底地名均收录在《GEBCO 海底地名辞典》中，目前共计收录了 3 820 个，作为世界海底地名共同使用。第二部分为海底地名命名标准，包括海底地名命名标准指导原则和一般特征的相关术语及其说明，已被纳入 IOC-IHO 的《海底地名命名标准》（B-6）中，作为国际海底地名命名工作的标准和指南（图 5-2）。

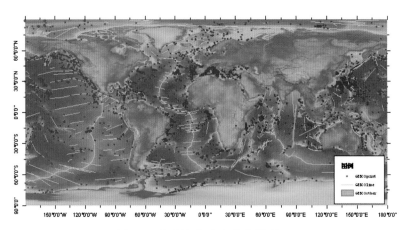

图5-2 全球海底地名分布情况

在 2013 年 9 月召开的 SCUFN 第 26 次会议上，SCUFN 秘书 Michel Huet 展示了由数字测深资料中心（IHO DCDB）与美国国家地球物理数据中心（NGDC）共同开发的全球海底地名管理信息系统（图 5-3）。该系统基于 WEB GIS 进行数据服务，主要包括如下功能。

（1）查询检索：实现对 SCUFN 海底地名辞典的快速检索，用户可以按照海底地名、类型、提案人、发现人、SCUFN 会议进行综合查询。

（2）信息浏览：实现对查询检索到的海底地理实体特征及其提案的信息浏览，包括图形浏览、坐标范围浏览、提案浏览等内容。

（3）数据下载服务：提供 SCUFN 海底地名辞典数据的输出服务，输出的数据格式包括 EXCEL，Shapefile 等。

图5-3 GEBCO全球海底地名管理信息系统

目前该系统已经开展线上试运行服务，用户可以访问 http://www.ngdc.noaa.gov/gazetteer 查询浏览。

此外，为管理日益增多的海底地名提案，由委员会中的韩籍委员 Hyun-Chul Han 博士牵头研发了海底地名提案在线提交网站。网址：http://www.scufnsubmission.org，该网站的主要功能包括以下几方面。

（1）海底地名提案的在线提交：提案人可通过该网站在线提交电子版海底地名提案。

（2）海底地名提案的管理：对历届 SCUFN 会议的海底地名命名提案进行集中管理，开发了查询功能，用户可以按照年份、国家、提案审查状态、提案名称等进行检索（图5-4）。

（3）海底地名提案的审核：每个 SCUFN 委员可以在会议之前对已经提交的海底地名命名提案进行在线审查，并作出评论。此举可极大地提高 SCUFN 年度会议的工作效率。

图5-4　海底地名提案管理信息系统

二、其他国家建设情况

美国是一个海洋大国，在海洋开发与利用方面保持着领先地位。美国十分重视海洋探测、深海矿产资源勘探与开发方面的技术开发。1890 年，在美国地质调查局（USGS）下成立了美国地名委员会（USBGN），它是前总统本杰明·哈里森为统一美国的地名标记而成立的联邦机构。1963 年 1 月正式成立了海底地形咨询理事会（ACUF），具体负责美国的海底地名命名事务。此外，美国很早就制定了比较完善的海底地名命名程序、政策和指导方针，还特别制定了极地地名命名的政策方针。海底地名分委会（SCUFN）负责审议各国提交的海域与海底地名命名的申请提案，其与美国相应的海底地名命名机构有着密切的合作，SCUFN 所制定的《海底地名命名标准》也参考了美国海底地名命名的相关标准规范。

1969—1990 年，ACUF 定期印刷出版《海底地名辞典》。1990 年后，ACUF 以数据库方式取代了纸质印刷，并由美国国家地理空间情报局（NGA）负责其维护工作，以地图和电子出版物的形式向社会提供全球的、美国专属的国内地名和南极地名服务。其中，美国的海底地名数据库（GNDB）对数据进行了编码，并对各属性字段项进行了详细设计，现已收录了 9 533 个海底地名。由于美国海底地名命名工作的先进性和成熟性，该国地名库的地名都直接收录到了 SCUFN 地名录中（图 5-5）。

此外，NGA 还建成了地名数据发布和共享平台，网址：http://geonames.nga.mil/namesgaz。该平台提供全球地名及海底地名的数据服务，并定期更新，极大地满足了全球各类用户对地名数据的需求。

图5-5　美国海底地名管理信息系统

1966 年，日本水道测量局（JHD，Hydrographic Department of Japan）组织成立了由相关海洋组织机构组成的海底地名委员会（JCUFN）。该委员会是一个非官方的咨询机构，由日本海上保安厅、渔业局、气象局、海洋科技中心、东京大学海洋研究所等单位组成，主要负责日本邻近海域海底地名的标准化工作。日本公开发布的地名辞典中共收录海底地名 1 362 个，全部集中在日本关注海域，与日本的外大陆架划界息息相关，并对每个海底地名的命名经过及社会地位进行调查研究，而且对所有的海底地名是否在 GEBCO 登载、在日本海图上有无标记等问题均进行了调查，以作为今后向 SCUFN 提交提案申请时的基础性判据材料。此外，日本已经研发了本国的海底地名检索信息系统，并发布到日本海上保安厅政府网站上，通过该系统可以在线查询日本本国已有的及被 SCUFN 收录的海底地名（图 5-6）。网址：http://www1.kaiho.mlit.go.jp/KOKAI/ZUSHI3/topographic/topographic.htm。

图5-6 日本海底地名检索系统建设情况

　　韩国在 2002 年 7 月成立了海洋地理名称委员会（KCMGN），并于 2004 年
11 月发布了《海洋地理名称命名指南》，2002－2005 年期间审议并纳入韩国地
名辞典的海洋地理名称达 66 个，其中 18 个为海底地名，海底地理实体通名涉
及 42 个（图 5-7）。自 2005 年起，韩国向 SCUFN 提交海底地名提案数量达 40
件，预备提案储备达 122 件，其中我国黄海的日向礁已被其改名为可居礁（Cageo
Reef），并且其提案区域开始关注南极和南太平洋地区，其战略意图显而易见。
此外，韩国加强了海底地名信息化工作，正在致力建设海底地名服务网站及相
关教育培训，旨在加大对此项研究工作的推广和国际影响。

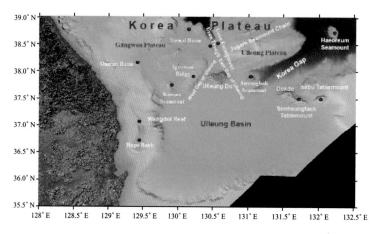

图5-7　韩国命名的东海海底地名分布

　　新西兰参照本国海底地名命名标准（NZGBS6000），审议了已出现在新西
兰海图、地形图、科技论文等资料中的 857 个位于新西兰外大陆架和罗斯海之
内的海底地名，其中超过 100 个海底地名已被收录到新西兰国家综合地名数据
库中，作为本国官方认可的海底地名。2013 年 6 月 10 日，新西兰网络地名辞典
编制完成并发布。该地名辞典由覆盖新西兰大陆的交互式地图支持，便于用户
查找地名和相关轶事，并为每个地名都提供了显示方位的地图（图 5-8）。用户
可以搜索新西兰全境、新西兰大陆架范围内和南极罗斯海地区的地点和地名。

图5-8　新西兰网络地名辞典建设

此外，英国、俄罗斯、澳大利亚、巴西、加拿大、匈牙利等国也纷纷建立起本国的海底地名辞典和海底地名信息系统。其中，澳大利亚国家地理信息研究所建立了便捷的地名数据共享和服务机制，其数据库可在网上查询（图 5-9），网址：http://www.ga.gov.au/darwin-gazetteer/index.xhtml#，目前，该数据库收录本国海底地名数目达 1 862 个，并提供了数据下载输出服务。

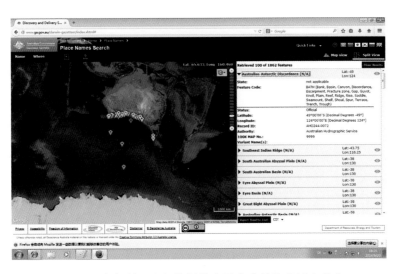

图5-9　澳大利亚地名数据共享平台中的海底地名分布

三、我国建设情况

我国在陆地地名的信息化工作方面起步较早。自 2006 年起由国家地名公共服务工程领导小组牵头，启动了国家地名数据库建设项目，并于当年配发至国家、省、地市、县民政部门使用，包含了 3 000 多万条专题地名信息和 2 万多幅图的空间信息。国家地名数据库包括信息、区划信息、边界信息，涵盖了地名管理所有的地名类型，对地名数据类型进行了规范和扩展，并以全国 1∶600 万、1∶50 万、1∶5 万，城市 1∶1 万以上空间数据库为依托，是国家四级地名、区划、边界管理和公共服务应用中的核心数据库。

在海域和海岛地名方面，按照国务院办公厅 2009 年 10 月 10 日印发的《国务院办公厅关于开展第二次全国地名普查试点的通知》，国家海洋局于 2009－2012 年开展了全国海域和海岛地名普查工作，建成了海域和海岛地名信息数据库管理系统（图 5-10）。该系统是地名普查工作的成果数据集中展示的平台，集成了所有的普查成果数据，将其以可视化的方式在电子地图上表现出来。可视化内容包括地形信息、遥感图像、海域和海岛地名数据、相关多媒体数据、地名统计图表信息，电子地图定位到某个地名时，可以显示其照片、录像等多媒体信息，能够方便地实现地名普查数据的管理、统计分析、专题图制作及输出等功能，为海域和海岛开发、保护和管理提供了科学、翔实的数据支撑。

图5-10 我国海域海岛地名查询系统

在极地地名方面，自 1984 年首次南极考察以来，我国共计在南极地区命名了 300 多个地名，其中约 270 个地名已经向国际南极科学研究委员会申报，得到了国际认可，并通过 Google Map 二次开发，结合 AJAX 技术将地名在全球地图和卫星影像中叠加显示，网络用户通过互联网进行互动操作，即可在浏览器中检索、查阅到这些地名。

然而，我国在海底地名信息化建设方面起步较晚，现有建成的地名数据库和信息系统在针对海底地名信息的管理方面仍存在局限性，特别是在数据逻辑结构、数据项、数据服务等方面需借鉴 SCUFN、ACUF 等的建设经验和服务模式。因此，亟待建设一个与国际接轨并适合中国国情的海底地名数据库。

第二节　我国海底地名数据库建设

一、海底地名基础数据集

1. 数据集内容

海底地理实体的命名，不仅仅包括海底地名信息，还包括用以支撑其命名的反映地理实体特征的基础数据，涉及诸多学科（图 5-11）。

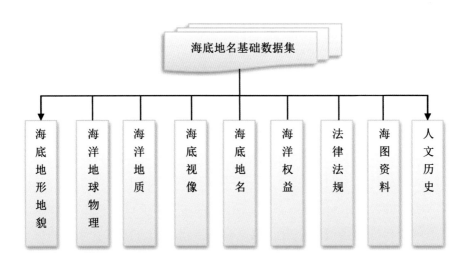

图5-11　海底地名基础数据集内容

（1）海底地形地貌：水深点、航迹线、海底地形格网、浅地层剖面、声速剖面要素、等深线图要素、侧扫影像图要素等信息。

（2）海洋地球物理：重力／磁力／地震测线、重力／磁力异常图要素、地震／浅地层剖面解译图要素等信息。

（3）海底地质：站位信息、岩石化学分析要素、岩性解释要素、海底地质构造特征要素等信息。

（4）海底视像：站位信息、海洋摄像资料要素、海洋照相资料要素等信息。

（5）海底地名：名称信息、位置信息、调查信息、命名理由、历史命名等信息。

（6）海洋权益：国际海洋公约事务、国际海洋合作、涉外海洋科学研究、海洋划界、海洋权益执法、海洋突发事件应急处理等与海洋权益相关的信息。

（7）法律法规：海洋权益、海洋划界、国际法等相关法律信息。

（8）海图资料：系列比例尺的海图和地形图信息。

（9）人文历史：与命名相关的人物介绍、调查船、文物事件等信息。

2. 数据整编

以上数据集即为海底地名数据库的数据源。在对海底地理实体进行通名初步判别后，需对这些数据进行标准化处理，之后用于海底地名提案的制作以及入库管理，主要步骤如下。

（1）空间矢量化处理。根据收集获取到的小规模海底地名提案空间坐标信息，按点、线、面分层处理，最终形成 Shapefile 格式文件。

（2）空间数据和属性信息校核、编辑。利用收集到的素材对空间数据和属性信息进行校核，核对内容包括海底地名空间位置、海底地形信息、命名理由等描述的准确性。对形成的 Shapefile 文件进行属性数据编辑，编辑内容主要包括地名名称、坐标信息、海底地理实体描述、命名理由、发现事实、获得本次发现的调查资料支持、名称提案人等内容。

（3）支撑背景数据的处理。以能精确反映小规模海底地理实体为目的，对收集到的地形地貌、船测重力、海图等资料进行处理，包括：① 对收集到的海底地形地貌资料进行完整性检查、数据标准格式转换、滤波处理、数据抽稀、质量检验、异常数据剔除等处理。② 对收集到的船测重力资料进行完整性检查、数据标准格式转换、交叉点比对、重力空间和布格异常改正值检验等处理。③ 对收集到的历史海图资料进行筛选、数字化、图像纠正、图像拼接、格式转换、坐标投影转换、基准面转换等处理。④ 对整编后的数据集，分学科制作上述支撑资料的标准化数据集和元数据集，建立统一的元数据目录和空间数据索引，各类数据的组织方式见图 5-12。

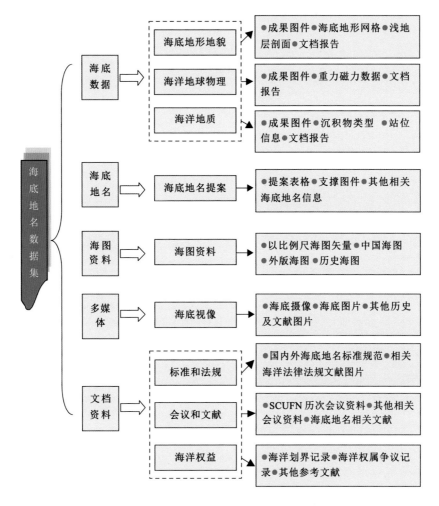

图5-12 海底地名数据组织方式

二、海底地名数据库设计

海底地名数据库数据组织的最终目标是最小的存储空间和最快的存取速度，即能在需要的时间内为用户提供所需的信息，并且要在有限的空间中存储尽可能多的数据和进行多种方式的处理，使所支撑的信息系统能在时间和空间两个方面都获得最佳状态。

1. 海底地名数据库设计原则

海底地名基础数据集具有如下特点：一是信息量大，它不仅涵盖中国、世界各国的各类海底地名数据，还包括用以支撑其命名的基础数据；二是随着海洋调查的范围越来越广，会出现更多新的海底地名，数据库的更新频率也会更加频繁。因此，将如此大量多变的数据进行合理的组织与处理是非常必要的。

（1）合理组织海底地名基础数据集。在设计数据库时，将海底地名基础数据集进行科学合理的分类，将其按照学科进行分类，然后进一步细分，如地名按照通名分为海脊、海山、海沟等；海底地形按照分辨率分为10米、50米、100米等网格大小；海图按照比例尺分为1∶700万、1∶400万，等，各类别组成一个子库。

（2）建立管理高效的数据库。一个完整的数据库系统，应具有良好的数据库维护功能。海底地名信息的频繁变化要求能随时对其进行更新和维护，提高数据库管理的效率，从而保持数据的准确性和现实性。

（3）减少数据冗余。信息冗余不仅浪费存储空间，而且会降低系统处理速度，甚至导致系统处理异常的发生。在数据库设计中，可以采取以下措施减少冗余：① 尽量减少、避免同类别的数据在不同列表中重复出现；② 尽量只存储基本数据，不存储派生数据；③ 调整数据库结构，避免库中留有较多的空闲空间。

（4）数据具有良好的兼容性。要求在系统以外生成的数据文件，可比较容易地转入到系统管理下的数据库文件；如与SCUFN开发的海底地名辞典之间建立数据接口。必要时，数据库文件也能较容易地转换为非数据库文件，接收其他程序的处理。

（5）系统具有高效的查询功能。为了提高查询速度和进行特殊处理，在建立数据文件的同时，还需要建立一系列的索引文件，如通过主关键字建立属性数据与空间数据的联系；海底地名主关键字与经纬度对应关系文件；建立笔画字库索引文件实现地名按部首或笔画进行排序。

（6）数据内容和系统功能易于扩充。海底地名信息可以应用服务于多个方面，在海底地名数据库的基础上，应能够方便地扩充新的数据内容和系统功能。

2. 海底地名数据库设计具体要求

由于地名数据涉及大量空间数据，所以一个好的数据库设计可以提高整个系统的性能，使其操作更简便、迅速，从而提高系统的实用性。数据库设计的具体要求如下。

（1）系统的数据库结构设计应满足海底地名基础数据集设计的要求。

（2）系统的详细设计在系统总体设计的基础上，对数据集的数据源进行详细分析，列出详细的设计方案，对每类要素制定详细的数据表设计，确定表之间的逻辑关系。

（3）对图形库和属性表，设计完整的接口方案，确定数据流程与操作过程。

（4）确定系统的数据流程、模块的变量与具体算法、开发环境等。

（5）制定具体的系统集成开发方案。

海底地名综合管理地理信息系统集成是为了实现系统的总体目标，而对各功能模块和各类型数据进行的集中管理，通过对各类对象的有机集成，最大程度地优化系统性能，实现系统的稳定高效运行。

3. 海底地名数据库数据项设计

综合国内外建设经验，基于用户实际需求，可确定的海底地名数据项大致分为4种（图5-13）。

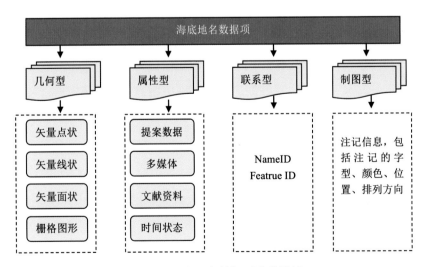

图5-13 海底地名数据项分类设计

（1）几何型数据项。几何型数据项内容用于表达海底地理实体的空间位置。在海底地名数据库中，几何型数据项内容主要包括矢量图形（点状、线状、面状）和栅格图形（表5-1），用以反映海底地名信息及海底地理实体的方位与特征。

表5-1　几何型数据项内容设计

几何类型	涵盖内容
点状矢量图形	海山、海丘等地名信息、水深点、海洋地质站位信息等
线状矢量图形	洋中脊、海底峡谷等地名信息、海底地形测线、海洋划界数据等
面状矢量图形	断裂带、特征区等地名信息、重磁数据、岩石化学分析数据等
栅格图形	海底地形网格、海图资料等

（2）属性型数据项。属性型数据项用以表达描述对象的说明信息。一般设立的属性型数据项，主要包括以下几种形式。

● 海底地名支撑数据元数据信息：记录海底地形、地球物理、海洋地质等调查资料的调查时间、调查船、调查单位；海图比例尺、获取方式等信息。

● 海底地名命名提案类数据：参照 SCUFN 海底地名提案标准表格，综合我国地名相关标准，设计各字段项，包括海底地名普通术语、专用术语、汉语拼音、海底地理实体坐标、海底地理实体描述（水深值范围、坡度、形状、总起伏等）、命名原因等内容。此类数据是海底地名数据库的核心内容。

● 多媒体类数据：存储海底地名命名提案等值线图、测线图、三维图等，图片以二进制方式存储。

● 文献类数据：包括支撑海底地名命名的海洋权益、法律法规、人文历史等文献信息，建立元数据和文献信息联动的索引机制进行管理。

● 时间状态信息：用于存储海底地名时间属性，表示其生存期，包括曾用名、标准化名称、SCUFN 认定名称等。与几何型数据项关联记录海底地名边界、类别及其与其他地理要素关系变化的时间状态。

● 其他类数据：包括各类支撑数据的元数据及其他相关的文本信息。

（3）联系型数据项。通过分析 SCUFN 和 ACUF 的海底地名辞典可以看出，一个海底地理实体可能会用几个名称来表示，或者存在一个海底地名由几个地理实体表示的情况。因此海底地名的"Name_ID"不能作为数据库中地名记录的主键，应该采用海底地理实体的"Feature_ID"作为此联系型数据项。为保证唯一识别性，其定义原则采用"入库时间（年份＋日期＋时间，12 位）＋顺序序号（4 位）"的 16 位编码方式（如 2012031622150001），由入库程序自动生成。

（4）制图型数据项。这类数据项专门用来描述地图上的海底地名注记位置。制图型数据项与海底地名分类码及比例尺配合使用，可方便地确定注记的字型、颜色、位置、排列方向，输出符合制图要求的注记图形。

4. 海底地名数据库属性结构设计

将上述属性项设计中的每一类采用不同的元数据表格式（表 5-2 至表 5-4），元数据表以 *.doc 文件格式存储。

表5-2　数据和地图类资料元数据

序号	属性名称	定义	数据类型	值域
1	文件名	数据文件名	字符型	自由文本
2	数据集名称	所属数据集的名称	字符型	自由文本
3	数据精度	数据点位精度	字符型	例：0.5米
4	数据格式	数据存储格式	字符型	自由文本
5	数据量	数据占用存储空间	字符型	例：8.23 MB
6	密级	机密、秘密、内部、公开	字符型	自由文本
7	地理区域	数据覆盖的地理区域描述	字符型	自由文本
8	编制国/机构	数据获取或编制的国家、机构	字符型	自由文本
9	获取时间	数据获取或编制的时间	日期型	YYYYMMDD
10	获取途径	调查、购买、下载、交换	字符型	自由文本
11	西边经度	最西边的经度坐标	实型	[-180.0,180.0]
12	东边经度	最东边的经度坐标	实型	[-180.0,180.0]
13	南边纬度	最南边的纬度坐标	实型	[-90.0,90.0]
14	北边纬度	最北边的纬度坐标	实型	[-90.0,90.0]
15	地理参考	投影和坐标系	字符型	自由文本
15	内容简述	调查船、调查仪器、定位精度、测线间隔等	字符型	自由文本
16	备注	有关数据的其他信息	字符型	自由文本

表5-3 文档、多媒体类资料元数据

序号	属性名称	定义	数据类型	值域
1	文件名	文档名称	字符型	自由文本
2	专著、期刊名	文档所属的专著、期刊名	字符型	自由文本
3	资料类型	地名、地貌、法律、权益	字符型	自由文本
4	编制机构/人	编写文档的单位或个人	字符型	自由文本
5	编制时间	编写文档的时间	日期型	YYYYMMDD
6	内容简述	文档内容摘要	字符型	自由文本
7	相关海域/地理实体	资料内容涉及的海域或海底地理实体	字符型	自由文本
8	收集途径	购买、下载、交换	字符型	自由文本
9	收集人	文档收集人	字符型	自由文本
10	收集时间	文档收集时间	日期型	YYYYMMDD
11	存储路径	文档的存储路径	字符型	自由文本
12	备注	有关文档的其他信息	字符型	自由文本

表5-4 海底地名资料元数据

序号	属性名称	定义	数据类型	值域
1	海底地名	海底地理实体的名称	字符型	自由文本
2	通名	海底地理实体的类型名称	字符型	自由文本
3	专名	海底地理实体的专用名称	字符型	自由文本
4	位置坐标	海底地名的位置坐标	字符型	自由文本
5	相关海域	海底地理实体所处海域	字符型	自由文本
6	命名原因	海底地名命名原因	字符型	自由文本
7	命名时间	命名海底地理实体的时间	日期型	YYYYMMDD
8	提案人	命名的国家、机构或个人	字符型	自由文本
9	描述信息	水深值范围、坡度、形状、总起伏等	字符型	自由文本
10	附件存储路径	相关参附件存储位置	字符型	自由文本
11	审议情况	接纳、通过、挂起、拒绝、未提交	字符型	自由文本
12	收录情况	收录海底地名的数据库名称	字符型	自由文本

5. 海底地名数据存储结构设计

采用统一建模语言 UML 作为数据建模语言，Visio 作为数据建模工具，对数据库进行设计。空间数据模型采用ESRI的Geodatabase数据模型（ArcCatalog），在一个统一的空间数据模型中进行矢量与栅格数据的管理。其中，矢量数据采用 Geodatabase 的 FeatureClass、FeatureDataset 方式，栅格数据采用 Geodatabase 的 MosaicDatset 方式，在 ArcSDE 中生成 FOOTPRINT 服务。对于数据量较大的文件采用文件编目的方式进行；对于变化频度较低、数据量相对较小、使用频度较高的数据采用 ArcSDE 的方式进行存储。采用 Oracle 对元数据和业务数据等基础数据进行统一存储与管理。

将海底地理实体与海底地名分开存储，可以解决海底地理实体与海底地名的一对多问题（图5-14）。这种存储结构在增添新的地名或者废弃某个地名时，只需要在 NAME 表中增加或删除一行，易于数据库的更新和维护，具有很强的扩展性。如果需要加入地名相关的额外信息，不必对原有的数据表进行修改，只要新建一个表，然后把 Feature_ID 的字段加入表格，建立映射即可。图5-14 中 TIME STATUS 就是新加入的表，可见其增加并没有影响到数据库中的其他表。

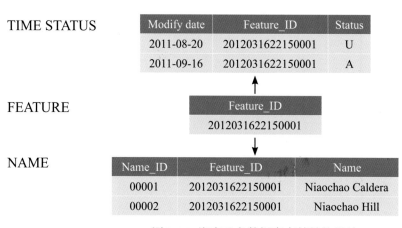

图5-14　海底地名数据库存储结构设计

6. 海底地名数据库的运行和维护

海底地名数据库建立之后，要在运行阶段进行一些必要的日常维护。按照制定的系统维护方案，对数据和数据库进行日常维护与监控、备份与恢复、应急处理和监督管理等，从而保护数据的安全性和可移植性。同时在对数据库进行数据入库等操作时，需要注意一些策略，主要包括以下几方面。

（1）定期对磁盘进行碎片整理，以保证存储器的高效访问。

（2）在栅格数据入库的时候，入库前要做好规划，尽量在导入一批数据的时候，按照从左上到右下的顺序来导入，这样将显著减少金字塔计算的计算量。

（3）对一批数据进行处理时，在导入完最后一幅数据之后再来建立金字塔和统计信息，这样将减少很多重复的计算量，提高栅格数据入库的速度。

（4）在一次大量数据入库之前，先检查空间数据的表空间是否足够大，不够的话要手动增加表空间的大小。因为表空间的动态增长将是一个非常耗时的操作，会严重影响数据入库的速度。

（5）对于空间数据库中冗余的或者由于入库操作失败产生的垃圾数据，应及时清理，删除这些数据。

（6）对于超出一定时效的不常用的数据进行离线备份处理，以减少数据库的负担。

（7）按照操作规程定期开展系统和数据的日常备份，以防止由于系统意外故障造成数据信息丢失。

（8）在系统出现异常时，根据制定的数据恢复预案进行恢复操作。

第三节　海底地名管理与服务信息系统建设

海底地名管理和服务信息系统是基于海底地名数据库，以 SCUFN 规则及我国海底地名命名相关技术标准为依据，开发形成的集海底地名数据集中管理和服务发布为一体的综合信息系统，对于加强我国海底地名的管理和命名工作的标准化，提升我国海底地名命名工作水平都将起到积极作用。系统基本组成包括三大部分（图 5-15）。

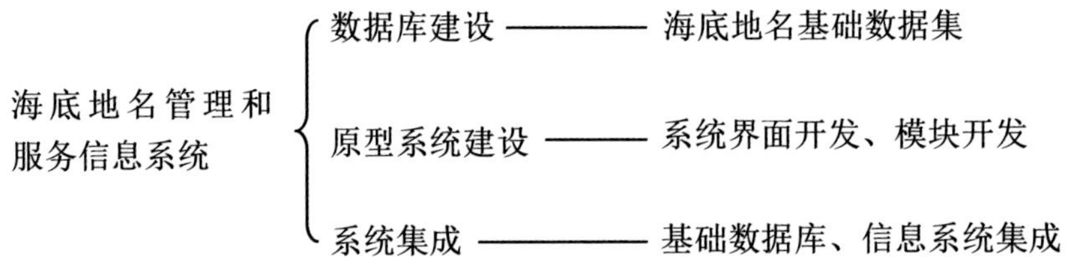

```
                      ┌ 数据库建设 ———— 海底地名基础数据集
海底地名管理和         │
服务信息系统          ┤ 原型系统建设 ———— 系统界面开发、模块开发
                      │
                      └ 系统集成 ———— 基础数据库、信息系统集成
```

图5-15　海底地名管理和信息服务系统建设三大部分

数据库建设的内容已在上节中进行了介绍，在此不再赘述。本节重点介绍原型系统的建设及系统的集成。

一、总体结构

1. 开发过程

系统的整体开发过程共分为 6 个阶段，包括：① 可行性与计划阶段：明确系统开发的目标和要求，对系统进行可行性分析，制定开发计划，编写系统开发可行性相关文档。② 需求分析阶段：确定系统需求，编制系统需求规格说明书和数据要求说明书。③ 设计阶段：包括设计阶段分解、功能优化设计、总体控制设计和详细控制设计等。④ 开发阶段：进行源程序编码编译、排错测试、编写模块开发卷宗、编制用户与操作手册、编制测试计划等。⑤ 测试阶段：检查编译文件、编写模块开发卷宗报告、测试分析报告；对程序、文件等进行评价，编制系统开发总结报告。⑥ 运行维护阶段：对系统进行维护，根据需求对系统功能进行扩充和删改。

2. 系统架构

基于系统建设的总体需求，遵循面向对象的软件工程设计思想，从系统总体设计的目标与原则、系统的逻辑架构、系统功能等角度，开展系统总体设计。系统将实现以下目标。

（1）功能实用，技术先进。从实用的角度出发，统筹考虑系统的总体结构，在选用符合国际标准的先进软件产品的同时，既要考虑系统现有技术要求和系统建设成本，又要兼顾软件技术的发展，保障系统建设的可持续性。

（2）模块开发，便于扩展。系统采用模块化设计，针对用户需求的变化，能够快速做出调整；同时系统又具备一定的开放性，以保证系统未来的扩展。

（3）无缝集成，运行高效。系统将实现对海底多源数据的集成管理，形成一个融专业数据处理、信息管理与服务为一体的信息综合管理系统，保证整体系统的高效性。

系统采用基于服务的多层软件架构体系，自下而上地分为数据获取与处理层、数据资源层、基础功能层、应用层共 4 个层次。考虑到信息安全的问题，采用 B/S 和 C/S 的混合架构模式。系统总体框架如图 5-16 所示。

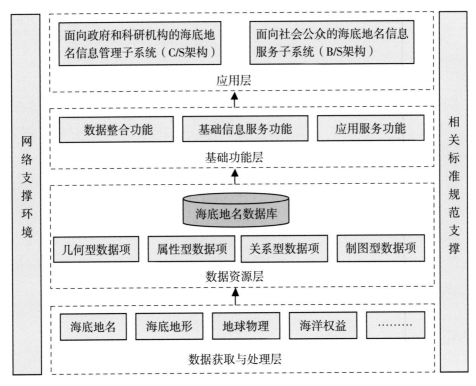

图5-16 海底地名管理和服务信息系统

系统自下而上分为4层，主要包括：

（1）数据获取与处理层。存储海底地形地貌、海底地名、地球物理、地质、法律法规、地名提案以及相关信息，并对这些数据进行标准化处理、入库与管理。

（2）数据资源层。存储海底地名数据库，每类数据形成单独的子库，包括海底地形地貌子库、海底地名信息子库、海图资料子库、法律法规子库、海洋权益数据子库、人文历史子库等。这些子库作为海底地名管理信息系统的数据支撑。

（3）基础功能层。基础功能层主要包括常用的基础功能模块，其具体表现形式是各种GIS功能组件。主要包括海底地名信息查询、海底地形三维展示、空间分析、统计输出、打印出图等基础功能。

● 海底地名信息查询可以对系统中已有的国内外海底地名信息按照地名、国家、所在区域、命名时间等多种条件进行综合查询与浏览。

- 海底地形三维展示可以实现海底地形的三维可视化、多要素的三维叠加分析等。

- 空间分析实现地形剖面分析、地形特征量算、提案空间分布特征分析等功能。

- 数据统计分析功能，主要实现各国提案的数量统计、年度提案对比分析等。

- 成果输出功能，主要实现提案图件的生成与输出等功能。

（4）应用层。应用层是专门面向海底地名命名工作开发的专题应用模块，由两个子系统组成，其中 B/S 架构的海底地名信息服务子系统将一部分数据通过公网发布，为社会公众提供海底地名信息索引服务；C/S 架构的海底地名信息管理子系统则将数据存储在内网上，为科研和管理人员提供数据、产品和信息服务。

- 海底地形特征命名申请审批服务：主要提供海底地名的申请、审批，存储在此过程中产生的各类文档数据。

- 海底地形和地名信息共享服务：主要提供包括海底地形地貌展示、海底地名信息的检索定位、海底地形三维可视化等功能；提供地形地貌数据录入和更新的接口服务。

- 海底地形特征分析：提供基于海底地形数据衍生的各种空间分析功能、海底地形特征是否满足命名标准的空间分析、典型海域周边海底地形特征的分析评价等服务。

二、系统设计

1. 系统业务流程设计

海底地名管理和服务信息系统业务流程如图 5-17 所示，管理和科研人员可通过海底地名管理子系统实现各类海底地名支撑数据的入库、检索、空间辅助决策和海底地名审批等；外部用户则通过部署在互联网上的海底地名信息服务系统进行信息检索。

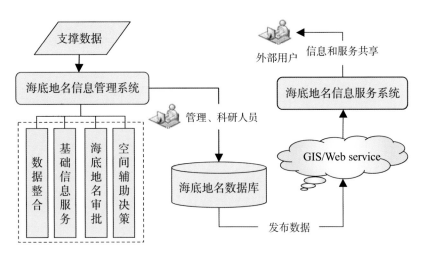

图5-17 系统业务流程设计

2. 系统功能模块设计

系统按功能划分主要包括数据整合功能模块、基础功能模块和专题应用服务模块三大类（图 5-18）。

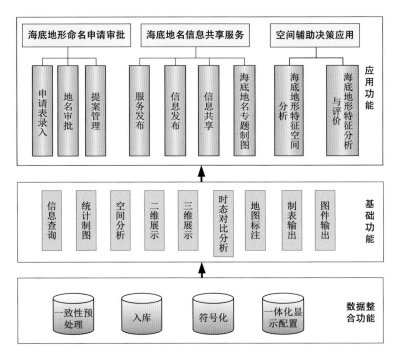

图5-18 系统功能模块设计

1）数据整合模块

（1）数据一致性预处理：包括计算机自动质量控制和人工审核。计算机自动质量控制主要包括范围检验、尖峰检验、梯度检验等，保证资料在时间、空间、地域上的一致性；人－机交互质量审核主要对计算机质量控制时难以发现的质量问题进行人工交互检验。

（2）数据入库功能：将经标准化处理后的数据导入数据库，提供了信息树管理功能，用户在自己的权限范围内可以上传、修改和删除各自的专题信息。

（3）数据的符号化处理：对海底地名专题图要素进行符号化处理，利用标准的要素符号进行图面的整饰。

2）基础功能模块

（1）海底地形特征和地名信息查询检索、定位：基于二维基础地理信息环境，提供海底地形特征和地名基础地理信息查询检索，实现以空间范围、经纬度坐标、地名等单一或一体化方式为索引的查询、检索、搜索定位等，并根据数据类型，采用统计表格、文本、统计地图、多媒体文本、图像、视频等显示方式进行展现。

（2）地名专题信息标注：按照需求，系统提供点状、线状、面状等各类海底地名信息的标注、存储、管理、可视化表达等功能。考虑到我国海洋维权斗争的紧迫性，突出显示争议区域的命名情况及相关信息。

（3）基础地理信息二维可视化：整合海底矢量、栅格等地形地貌基础地理信息，构建典型海域基础地理环境。主要提供基于基础地理信息的线划地图、晕渲地图等地图服务，实现大范围、多尺度、多类型的地理空间信息一体化显示、无缝漫游、多级缩放等功能，总体反映典型区域的地形地貌特征等。

（4）海底地形三维可视化：通过场景交互操作，实现基于水深测量数据、数字高程数据，构建典型海域的海底三维数字地形模型，真实再现各典型海域的海底地理环境。

（5）统计分析：主要实现地名提案的数量统计、年度提案对比分析，以及统计图制作、输出等。

（6）专题图件输出：通过调用符号库实现专题图要素的符号化表达，并添加投影、图例、经纬网、比例尺等图件要素，实现专题图的编辑、整饰和输出。

3）应用服务功能模块

（1）海底地名命名审批功能：实现电子版海底地名命名提案信息的申请；海底地名提案经由国家审批的全部流程；对海底地名提案以及与提案相关的纸质、电子文档的管理。

（2）信息共享服务功能：实现信息和服务的在线发布、海底地名专题图制作等，实现海底地名信息的发布与共享。

（3）空间辅助决策应用功能：面向海底地形特征分析的实际需要，提供叠加分析、空间邻近分析、空间包含分析、空间缓冲区分析、空间关联分析、数字地形断面分析等空间分析工具，满足用户进行海底地名命名的专业技术分析和产品加工制作的需要；基于专业知识和模型，面向国家海洋权益维护需要，对海底地形特征及地名命名进行分析与评价，为地名提案的准备提供辅助决策信息。

3. 系统的质量控制

一个系统得以成功的关键在于系统运行的可靠性和最终产品的正确性，这就要求对系统建设和数据处理进行严格的质量控制，以保证系统运行的稳定和产品质量的准确可靠，具体工作体现在以下几个方面。

（1）严格遵守软件工程要求和软件质量标准，保证系统的设计层次结构清晰，任务明确，系统开发具有科学性和可控性。

（2）对数据源与中间产品，采用统一的标准化数据格式，避免系统误差的产生，保障各种应用模型结果的真实可靠。

（3）对最终产品，利用海底地形调查数据进行产品的对比分析、质量控制跟踪，通过质量控制和客观分析，发现问题，完善业务模型，提高最终产品的质量。

三、关键技术

由于海底地名数据库涉及矢量、栅格、文件等多类型、多学科的数据，数据在资料分类、物理形态、存储形式、数据格式等方面都比较复杂多样，而且部分数据体量大，对于海量、结构复杂的数据资料来说，用单一的数据结构快速搭建库体比较困难，存在着共享能力差、数据冗余度大、完整性和安全性较差等缺点。鉴于此，为了实现对现有各类海洋空间数据及文件、介质等的高效一体化管理和共享服务，系统在设计时考虑了如下关键技术。

1. 多源数据模型建模与组织管理技术

1）海量多源海底地名基础数据存储及管理

系统建设首先从数据应用的角度，对多源海底地名基础数据集进行划分，根据不同的应用需求采用相应的存储技术（图 5-19）。

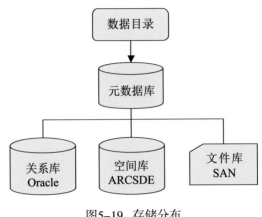

图5-19 存储分布

对包含空间特征的矢量、栅格、电子海图等地理信息数据，采用空间数据库技术实现数据集的分布式存储。在空间数据库存储设计上，综合考虑数据库管理维护的应用需求，进行标准化设计，充分保证数据库的完整性、开放性与可扩展性。在入库数据的组织管理上，建立了科学规范的数据存储方式，为提升数据库维护与应用效率奠定了基础。

对大量的文件型数据，系统采用关系数据库和文件编目相结合的方式进行管理，即通过关系数据库管理文件型数据的元数据和空间范围信息，并通过存储位置定位至数据实体，通过统一的数据目录，管理存储于磁盘上的文件型数据。系统采用"关系数据库 + 文件编目"的管理方式，将存储的大量文件型数据实体，通过存储位置、文件编目方式，实现有效管理和展示，既节省了大量的存储资源，又提高了数据库的管理效率，实现了对海量文件型数据的高效管理。

2）多维地理信息数据建模与组织管理

地理信息数据的多维特征主要体现在各类数据格式、文件组织结构的不同。因此，在多维地理信息管理中，数据仓库应屏蔽数据个体物理形式的差异性。系统建设采用面向对象的数据仓库管理理念，应用"数据类型—数据对象"的模式管理多维地理信息数据，将不同数据对象划分到相应的数据类型中，对不同数据类型建立相应的数据模型。数据模型描述了数据内容和数据物理形式间的联系，是衡量数据仓库能力的主要标志之一。

从物理存储角度考虑，将海洋地理信息数据划分为四大类：矢量数据、栅格数据、文件型数据、关系型数据。对每种类型的数据提供以下的数据建模模型。

（1）矢量数据建模。矢量数据建模支持面向多种空间数据源的各种矢量数据集模型的定义，采用通用的空间数据库存储技术，支持对空间图层、空间参考、属性字段、比例尺等信息的自定义操作。矢量数据建模支持目前常见的空间数据模型，如 Oracle Spatial、ArcSDE、PGDB、FGDB 等。

（2）栅格数据建模。栅格数据建模支持面向多种空间数据源的各种栅格目录模型的定义，采用通用的空间数据库存储技术，提供对栅格数据存储方式、压缩方法、拼接方式等参数的设置。栅格数据建模支持目前常见的空间数据模型，如 Oracle Spatial、ArcSDE、PGDB 多种。

（3）文件型数据建模。文件型数据建模主要针对以文件方式存储的数据对象，提供对海洋地理信息数据的类型定义，包括数据分类和元数据定义，将不同的地理数据抽象化，是数据建模的基础。

（4）关系型数据建模。关系型数据建模主要针对以表格方式存储的数据对象，支持数据表、字段名称、字段类型以及约束条件的设置。

3）海底地名时空一体化存储解决途径

为满足多时相地名矢量数据的管理需要，系统建立了矢量数据时空一体化存储模型，按照数据时效性分为现势数据库（存储现有海底地名信息）和历史数据库（存储历史海底地名信息）。现势数据库使用和操作频率高，向用户提供较快的处理速度和较高的处理效率。

历史数据库以要素增量方式存储历史数据，通过数据标识（GUID）和生产时间区分不同时相的数据。矢量时空一体化存储模型如图 5-20 所示。

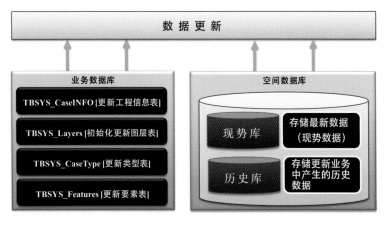

图5-20　矢量时空一体化存储模型

在数据库设计层次上，以工程化形式开展每次的更新作业，将更新工程的相关信息存储在"更新工程信息表"中。对每一个要素类，在数据库存储中都对应两个结构相同的空间表，即现势层和历史层。现势层存储当前最新数据，历史层存储被更新过的各个时相的数据。数据更新过程中，通过 GUID 对要素进行唯一标识，被更新要素在进入历史图层时，同时记录要素入库与消亡的时间。现势数据与历史数据通过 GUID 关联，结合要素入库与消亡时间，可对历史库与现势库进行联合查询分析，回溯数据历史，找到与现势更新数据间的关系。

4）地理信息数据统一管理解决途径

与传统的管理单一形式地理信息数据的系统相比，本系统具有资料类型复杂多样、物理存储形式各异、数据格式种类较多、数据量大等特点。因此，系统建设采用了差异化方式对海量、多维海底地名数据集进行存储。在数据存储的物理空间上，可以是集中存储或分布式存储，在数据物理存储方式上，可通过数据库存储（二维表、BLOB、分区存储等多种方式）或通过建模技术以文件形式在磁盘上存储。

为实现多维地理信息数据的统一管理，采用物理存储层、数据适配层、逻辑展示层，构建三层管理体系，如图 5-21 所示。

（1）物理存储层。物理存储层存储各种形式的海洋地理信息数据，包括数据库二维表、空间数据集及以文件方式存储的数据。

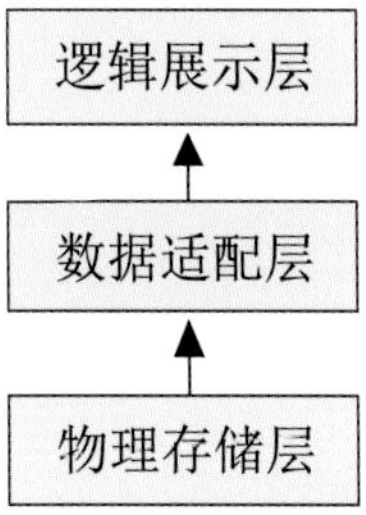

图5-21　多维地理信息数据存储模型

（2）数据适配层。数据适配层是物理存储层和逻辑展示层间的中间层，连接了数据的逻辑组织结构和物理存储方式，使复杂多样的海洋地理信息数据能够独立于数据的存储方式、面向管理应用的需要进行逻辑结构组织，从而提供数据浏览、查询、提取等服务，实现各类海洋地理信息数据的统一管理。

（3）逻辑展示层。逻辑展示层面向最终的用户，向用户提供灵活的配置能力。用户可以根据不同的应用需求和数据类型，对逻辑层进行配置和展示。

2. 多源异构海洋地理信息数据服务发布技术

系统面向政府管理部门和公众用户提供多种服务方式，包括目录服务、元数据服务、数据服务和地图服务等。由于服务类型较多、数据来源形式复杂多样，因此首先，需要针对各类服务的特征，定制相应的数据加工工具和工艺流程；其次，需要解决多源异构地理信息服务发布的问题。为此，系统研发了综合性的多源异构地理信息在线发布系统，涉及服务引擎、多源服务在线发布、多源服务聚合等诸多技术问题。

1）独立于 GIS 平台的数据发布服务

系统具有目标对象多、服务类型多的特点，应具备良好的开放性与互操作性，能被众多的第三方应用接受与认可。GIS 平台技术无关性主要通过采用 OGC 的 GML、WMS、WFS、WCS 以及 WebService 等相关标准来实现。

（1）GML（Geography MarkupLanguage）：基于 XML 之上的地理信息描述、转换、传输标准，主要用于地理数据转换和地理数据实时传输协议两个主要用途。GML 按照 ISO 19117 空间模型表达标准，采用 XML 描述的数据格式。在地理数据转换中，GML 可以作为一个公共的地理空间数据转换格式标准，将不同软件生产的数据转换到 GML 数据格式，应用软件可以读取这一格式并转到相应的系统中。在地理数据实时传输中，两个或多个系统通过 GML 这一公共描述语言进行实时通信，从而实现在线互操作。

（2）WMS（Web Map Service）：利用具有地理空间位置属性信息的数据生成地图。WMS 规范定义了 3 个操作：返回服务级元数据，即对服务信息内容和要求参数的描述；返回地理空间参考和大小参数确定的地图影像；（可选）返回显示在地图上的某些特殊要素的信息。

（3）WFS（Web Feature Service）：一个基于 Web 服务技术的地理要素在线服务标准，要素服务（WFS）返回的是要素级的 GML 编码，并提供对要素的增加、修改、删除等事务操作。

（4）WCS（Web Coverage Service）：WCS 处理的数据也是栅格数据，但返回的是带有空间参考的原始数据而非显示的普通图像。

（5）WebService：是一套技术规范，用于建立可互操作的分布式应用程序。WebService 的主要目标是跨平台的可互操作性。为了实现这一目标，Web Service 完全基于 XML 独立于平台、独立于开发语言的标准，是创建可互操作的、分布式应用程序的新平台。通过 OGC 相关开放标准与 WebService 技术规范，使得系统平台接口在实现上独立于具体厂商的 GIS 平台，系统的数据服务接口能够广泛地被其他第三方应用访问与集成，从而保证了数据服务接口的技术无关性要求。

2）统一服务管理技术

（1）统一身份认证。统一身份认证的主要思想就是由一个唯一的认证服务系统接管各认证模块，各应用只需通过统一认证服务调用接口即可实现用户身份的认证，这就避免了传统的开发模式中各个应用系统重复开发、身份信息数据库需同步更新、数据冗余等诸多弊端（图5-22）。用户只须在统一认证系统

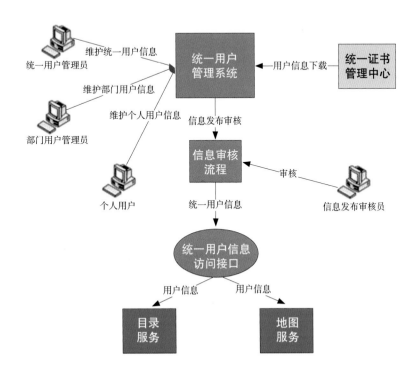

图5-22　用户身份认证结构

中注册或改变自己的认证信息即可，保证了数据的完整性，消除了不一致性，减少了数据冗余，同时避免了各个应用系统的重复开发。

（2）异构服务统一注册管理。采用 B/S 模式设计了异构服务注册库并给出了异构服务注册与发布的数据规范，实现了系统对网络上大量异构服务的组织与管理（图 5-23）；设计了一套基于稀疏特征树的异构服务检索算法和基于多期望值与权重值的服务查询匹配度计算模型，为用户层提供了一套可行、有效且准确的异构服务查询方法。实现了异构服务的统一描述、统一注册与发布、统一搜索与匹配，同时也是产品服务平台（中间件）中的重要组成部分。

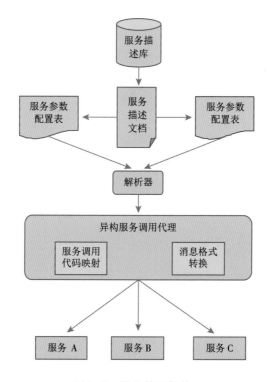

图5-23 服务管理架构

3）多维地理信息资源发现与定位技术

梳理多维地理信息资源，形成资源分类标准、资源定位标准、资源访问接口等标准，并通过对多维地理信息资源分类标准进行梳理，形成资源标识符编码方案（表 5-5 至表 5-7）。

表5-5 关系数据资源编码方案

RDB://DataSourceKey/TableName	
表记录	RDB://DataSourceKey/TableName?search=Filter

表5-6 空间数据资源编码方案

GDB://DataSourceKey/FCLS/FeatureClassName（需要数据源配置端支持）	
空间要素	GDB://DataSourceKey/FCLS/FeatureClassName?search=Filter

表5-7 编目数据资源编码方案

本地文件	FILE://StorageNodeID/Path
FTP文件	
本系统编目数据	CATALOG://SYSTEM/RegiserTableName/ResourceID
外部系统编目数据	EXTERNAL://ExternalSystemKey/OutsideDataID
远程文件	HTTP://
其他资源	RES://RegiserTableName/ResourceID（保证唯一）

4）多维地理信息资源目录服务技术

基于 CSW 标准，定义资源目录系统服务接口，支持资源目录外网服务，包括3种接口，即基本接口、发现接口和管理接口。基本接口提供目录服务管理功能，包含目录服务启动和目录服务停止；发现接口提供目录查询功能，包含目录结构查询和目录内容查询，这些接口本身并不提供资源，而是提供资源的基本信息和描述如何获得资源的元数据；管理接口提供目录管理功能，包含数据类型管理、目录结构管理和目录内容管理。

四、系统实现

建成后的海底地名管理信息系统包括了"图形信息浏览"、"文献资料查看"、"地图成果查看"、"SCUFN 信息跟踪"、"海底地名审批"、"元数据查看"等几部分内容。实现了对海底地名及其支撑数据的可视化显示和空间分析，用户只需点击所感兴趣的地名，即可以检索到与之相关的图形信息、属性信息以及相关附件等内容（图 5-24）。

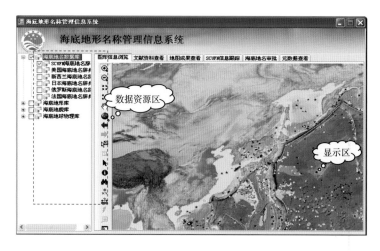

图5-24 海底地名管理信息系统主界面

图5-25 海底地名管理信息系统地名查询

建成的海底地名信息服务系统通过网站的方式，实现海底地名各类入库数据的在线查询和数据申请。服务系统包括"数据资源查看"、"数据查询统计"、"数据申请"、"文献查看"等几部分内容。外部用户可以实现海底地名数据库的部分成果数据资源的浏览、海底地名数字化文献浏览以及相关的元数据查询统计和空间数据查询统计服务（图5-26）。

此系统目前部署在部门内部共享网络环境上进行试运行，考虑到今后对社会公众的服务，系统将在符合国家有关保密管理规定的基础上，通过互联网公布部分适宜公开的研究成果，并增加诸如社会征名、用户评论等板块功能。

图5-26 海底地名信息服务系统主界面

海底地名管理和信息服务系统是我国开展海底地名命名工作的重要对外展示窗口。通过系统可以获取国内外最新的海底地名研究成果、与海底地理实体命名相关的海底基础数据，以及国内外地名提案和名录等。系统全面建成后，不仅可以极大地提高海底地名命名的工作效率，而且可以为我国海底地名命名的标准化、规范化管理和参与国际研究合作，以及公众宣传提供详尽、可靠的技术和信息支持。

参考文献

陈凯晨 , 林星 , 袁一泓 , 等 . 2009. 数字地名辞典中的类型表达和管理 . 地理与地理信息科学 , 25(5):
　　6-11.

狄琳 , 欧阳宏斌 . 2001. 全国 1 : 25 万地名数据库的设计与建立 . 测绘通报 , 10: 32-33.

韩范畴 , 阮文斌 , 贾建军 , 等 . 2011. 海底地名研究进展 , 海洋测绘 , 31(3): 73-76.

黄松霍 , 宏方涛 . 2006. 基于 Web Services 的地名辞典服务的研究与实现 . 计算机工程与应用 , (5):
　　220-222.

姬炜 . 胡小勇 . 刘海珍 , 等 . 2009. 基于国家地名数据库的空间分析 . 中国地名 , (2): 39-42.

李花 . 2008. 基于 ArcGIS 地名综合信息系统设计及应用 . 地理空间信息 , (6): 50-52.

沈兆阳 , 李劲 , 2001. SQL Ser ver 2000 与 XML 整合应用 . 北京 : 清华大学出版社 , 33- 42.

周成虎 , 程维明 , 钱金凯 . 2009. 数字地貌遥感解析与制图 . 北京 : 科学出版社 , 325-337.

Database of undersea feature names [DB/OL]. Available online at：http://earth-info.nga.mil/gns/html/
　　namefiles.htm. 2011-2-13.

Gazetteer of Australia Place[DB/OL]. Available online at：http://www.ga.gov.au/place-names/, 2012.

Gazetteer OF Japan[DB/OL]. Available online at：http://www.gsi.go.jp/ENGLISH/pape_e300284.html.
　　2007.

Gazetteer of undersea feature names [DB/OL]. Available online at：http://www.gebco.net/data_and_
　　products/undersea_feature_names/. 2011-8.

Geoname Search[DB/OL]. Available online at：http://geonames.nga.mil/ggmagaz/. 2012.

Hyo Hyun Sung. Standardization of Undersea Feature Names and Outreach Plan in Korea. Available
　　online at：http://marinesympo.nori.go.kr/files/4.%20Sung.pdf, 2007-10-18.

IHO-IOC. 2008. Standardization of Undersea FeatureNames, Bathymetric Publication No.6 (B-6).

New Zealand Geographical Names Database[DB/OL]：Available online at：http://www.linz.govt.nz/
　　placenames/index.aspx. 2012.

第六章　海底地名命名应用实例

第一节　海底地名命名提案表的编制

一、提案的选定

根据 SCUFN B-6 标准中的规定，各国提交的海底地名提案须为未被 SCUFN 和 ACUF 收录的新地名。因此，在选定海底地理实体后，须根据其坐标位置查询 SCUFN 公布的海底地名辞典（网址：http://www.ngdc.noaa.gov/gazetteer）和美国公布的海底地名辞典（ACUF，网址：http://geonames.nga.mil/namesgaz，在显示页面上选择 undersea features）中收录的地名进行排重。

排重完成后，应根据 SCUFN 对提案提交形式的要求，填写《海底地名命名提案表》，并制作相关图件。提案表中 / 英文样式参见网址：http://www.gebco.net/data_and_products/undersea_feature_names/documents/scufn_name_proposal_english。

各国海底地名组织或个人在向 SCUFN 提出新的海底地名提案时，应该填写和提交《海底地名命名提案表》，电子版提案应在不晚于当年 SCUFN 会议召开前 1 个月提交，若提案为纸质版应在不晚于当年 SCUFN 会议召开之前 3 个月提交。

二、提案表格的填写

海底地名命名提案表格为各国申请海底地名时必须填写的表格，中 / 英文样式参见附录 3。提案表中包括的主要内容及具体要求如下。

（1）拟命名的名称：一般由专名和通名组成，专名在前，通名在后。

通名，应从 B-6 标准中的通名术语定义表中选取。

专名，对于新发现的海底地理实体，由发现者给出专名。所有专名选词需符合 B-6 文件的相关规定。

（2）大洋或海：填写该地理实体所在的海域。

（3）定界地理实体的几何图形：定界地理实体的几何形状——该几何形状将用于海底地理实体在数据库以及海图中的显示和表达。地理实体根据其类型不同需选用不同的几何形状表达。

选择特征点——选取能够准确描述海底地理实体范围、轮廓、走向的一系列点作为特征点，一般在能够反映实体轮廓特征的等深线上选取，选取的范围要适中（图 6-1）。对于几何形状为点的海底地理实体，特征点多选取该实体顶点中心坐标；几何形状为线的海底地理实体，特征点多选取能反映该实体走向趋势的一系列点；几何形状为面的海底地理实体，特征点由一系列反映实体轮廓的点组成。

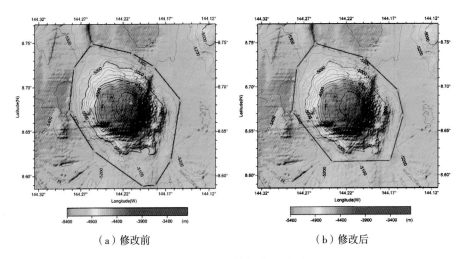

（a）修改前　　　　　　　　　（b）修改后

图6-1　海底地形特征点选取对比

（4）坐标：特征点的地理坐标，用经纬度表示（以度、分表示），精确到 0.1 分。

（5）实体特征描述：填写待命名实体所在位置范围内的最大水深、最小水深、总起伏、坡度、形状和大小。

● 最大水深：指提案范围内海底地理实体水深的最大值。

● 最小水深：指提案范围内海底地理实体水深的最小值。

● 总起伏：指提案范围内海底地理实体最大水深和最小水深的差值。

● 坡度：指提案范围内海底地理实体坡面的垂直高度和水平距离的比值，此处可填写坡面的平均值。

● 形状：指海底地理实体的表现形式，如圆形、方形、三角形，等。

● 大小：指提案范围内海底地理实体的长度和宽度。

（6）相关地形特征：用以描述反映拟命名实体与周边已发现海底地理实体的关系。

（7）海图／地图参照：作为判别地理实体位置的依据。可使用国际通用海图或各国自行出版的海图。但无论使用任何海图，均需标明海图的名称及该地理实体所处的海图分幅图幅号。

（8）选择名称理由：主要是指拟提交提案的专用术语命名理由，需参考如上的专用术语命名规定。命名理由要求详细描述专名选词原因及相关背景知识，与地理实体的关系等信息。对于历史沿用的专名，需写明命名典故和历史沿革过程。

（9）发现事实：指最早发现该地理实体的时间及发现人或船只。

（10）调查资料：获取成图所需的海底地形数据的调查日期、调查船只、测深设备、导航类型、估计水平精度、测线间隔等数据。

（11）命名提案人：编制并提交该地名提案的人员名称、提交日期、联系方式、所在机构和地址等。

（12）备注：有关该地名提案的其他相关信息。

第二节　海底地名图件制作

根据 SCUFN B-6 标准要求，提交海底地名提案的同时要提交能够全面准确反映海底地理实体特征的相关图件。现行的 B-6 标准中虽未对图件类型做具体要求，但近年来各国提交的图件主要包括位置图、水深图、航迹图、三维图、剖面图等，也有国家同时提交矢量海图。这些图件分别从空间位置、形状特征、三维结构、调查信息等方面描述地理实体，比单纯使用坐标、深度、坡度、范围等数据的表达要更加直观，更便于分析判别。SCUFN 对提案的审议也主要依赖于各种图件。

基于目前的技术方法,图件多采用多波束地形数据作为底图,叠加表示位置、轮廓、名称的矢量数据。由于该图件所需比例尺普遍较大,成图前对地形数据的精细化处理就显得尤为重要。对处理后的多波束数据,采用恰当的色彩显示方式对不同深度进行渲染,可直观地表达海底地理实体的结构特点。在此基础上,叠加不同的矢量信息,即构成所需图件。

一、区域位置图

底图。能够明确表达地理实体所在的大洋或海域的相对位置。该图比例尺较小,底图可选取低分辨率海底地形图,例如 GEBCO 半分格网数据。要有一定的空间覆盖范围,能够清晰准确地表示地理实体所在的海域位置。边框要标注经纬度坐标(图 6-2a, b)。

标注。将拟命名的海底地理实体框出,并在旁边标注其英文名称或三维图。在图中用英文标出具有位置指示作用的大陆、岛屿、海域等名称。

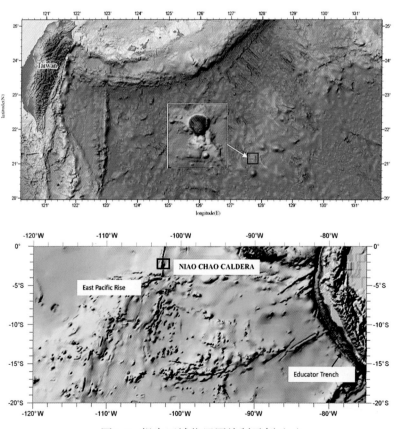

图6-2 提案区域位置图绘制示例(a)

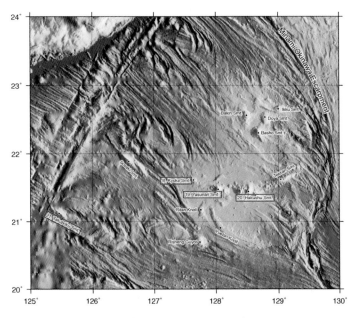

图6-2　提案区域位置图绘制示例（b）

二、水深图

底图。一般采用渲染后的水深地形图叠加等深线的方式，也可只采用地形图或只采用等深线图。范围应以能完整覆盖地理实体为宜，底图过小地理实体会显示不完整，过大则会因比例尺小，不能清晰表现地理实体。叠加等深线时，根据地理实体的总起伏确定等深线间距，计曲线要突出显示，根据需要标注等深线的水深值。采用渲染水深地形图时，要标注图例。边框要标注经纬度坐标（图6-3a, b）。

标注。在底图上需用统一符号标示地理实体的特征点，包括边界点和顶点。边界点是根据地理实体的形状结构选取的具有代表性的拐点，顶点则为地理实体的高点或低点，若地理实体具有多个峰顶或谷底，则需标注多个顶点。若地理实体为面状分布的，如海山、海盆、海台等，将边界点连线表示地理实体的轮廓范围；若地理实体为线状分布的，如海脊、海谷等，则将其顶点连线表示地理实体的走向范围。

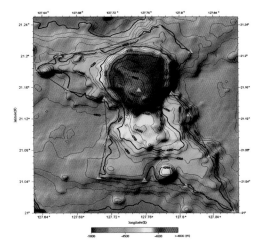

图6-3　提案水深图绘制示例（a）

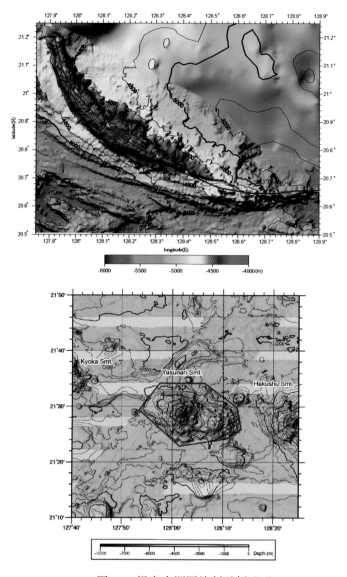

图6-3 提案水深图绘制示例（b）

三、航迹图

底图。为突出表示航线，航迹图的底图一般采用等深线图，无需颜色渲染。其范围可与水深图相同，边框需标注经纬度坐标（图6-4）。

标注。在图中用色彩鲜明的线形表示航迹线，其必须为发现该海底地理实体时的船只真实走航路线，航线宽度由图幅大小和航线间距确定。为明显表示航线和地理实体的关系，图中需叠加地理实体的特征点和轮廓线。轮廓线颜色不得与航线颜色相同或相近。

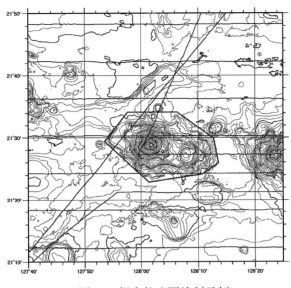

图6-4　提案航迹图绘制示例

四、三维地形图

底图。三维渲染颜色标准与水深图相同，可依显示效果适当对三维图垂直高度进行缩放比例调整。为显示地理实体的空间结构特征，视角应调整为侧俯视，选取表达地理实体外表形态最佳的观察角度。同时调整光照角度，尽量减弱阴影的影响。边框需标注经纬度坐标，并标注图例（图 6-5）。

标注。当图中只有目标地理实体时，一般可不标注；当图中有多个地理实体时，应逐个标注其英文名称。

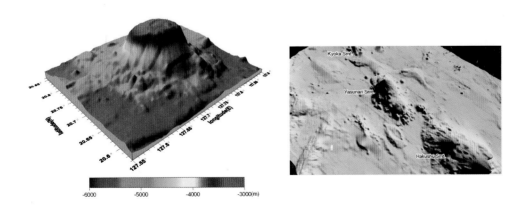

图6-5　提案三维地形图绘制示例

五、二维定向测深剖面图

底图。剖面图通常由两部分组成。一部分为剖面线位置指示图，作用是指出剖面在地理实体中的位置。该图一般采用渲染后的水深图作为底图，图幅范围可与水深图一致。另一部分为剖面图，剖面图的横纵坐标分别为距离和高程，以便能够直观了解地理实体的地形起伏和规模（图6-6）。

标注。剖面位置指示图中应叠加剖面线。剖面线的选取要求能够准确表现海底地理实体的地形起伏，必要时可选择多条剖面线，从多个角度表现地理实体。剖面线一般采用与地理实体色调反差明显的直线表示，其宽度根据图幅大小确定。为了能够清晰地表现剖面线，指示图中不需要叠加特征点、等深线和名称等注记。

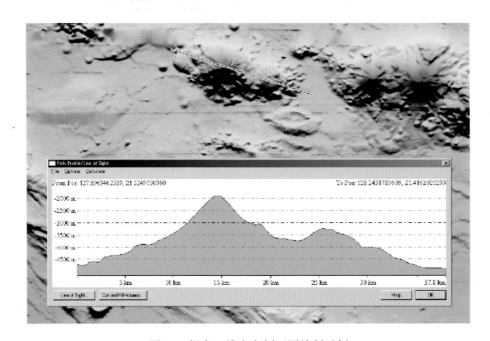

图6-6 提案二维定向剖面图绘制示例

以上所给出的图件示例全部基于多波束数据，对于有些未实现多波束覆盖的区域，若存在历史海图、单波束数据等资料，且其精度足以辨别地理实体的结构特征时，也可以作为提案依据提交（图6-7）。

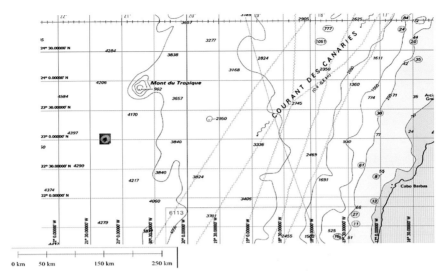

图6-7　提案提供的历史海图资料示意

第三节　海底地名命名提案实例

下面给出中国在 SCUFN 第 25 次会议上获得通过的日昇平顶山的英文版提案实例。

INTERNATIONAL HYDROGRAPHIC ORGANIZATION	INTERGOVERNMENTAL OCEANOGRAPHIC COMMISSION (of UNESCO)

<u>UNDERSEA FEATURE NAME PROPOSAL</u>
(Sea NOTE overleaf)

Note: The boxes will expand as you fill the form.

Name Proposed:	Risheng Guyot	Ocean or Sea:	Northwest Pacific Ocean

Geometry that best defines the feature (Yes/No) :						
Point	Line	Polygon	Multiple points	Multiple lines*	Multiple polygons	Combination of geometries
		Yes				

* Geometry should be clearly distinguished when providing the coordinates below.

	Lat. (e.g. 63° 32.6' N)	Long. (e.g. 046° 21.3' W)
Coordinates:	20° 42.6' N (Summit)	127° 44.1' E (Summit)
	20° 48.6' N	127° 40.8' E
	20° 47.0' N	127° 38.1' E
	20° 43.1' N	127° 37.0' E
	20° 39.4' N	127° 38.3' E
	20° 37.8' N	127° 42.5' E
	20° 38.0' N	127° 47.8' E
	20° 43.1' N	127° 49.3' E
	20° 47.9' N	127° 44.9' E
	20° 45.3' N	127° 48.4' E
	20° 48.6' N	127° 40.8' E

Feature Description:	Maximum Depth:	5200m	Steepness :	
	Minimum Depth :	3147m	Shape :	circle
	Total Relief :	2053m	Dimension/Size :	23 km × 21 km

Associated Features:	On the southwest of Qingyuan Seamounts、Ruiyun Seamount, which China proposed this year.

Chart/Map References:	Shown Named on Map/Chart:	
	Shown Unnamed on Map/Chart:	GEBCO 5.06
	Within Area of Map/Chart:	

Reason for Choice of Name(if a person, state how associated with the feature to be named):	The word "Risheng" comes from the name of a traditional building Tulou in Fujian Province of China. The guyot has a similar shape with the Risheng Tulou. And also Risheng in Chinese language means sunrise.

Discovery Facts:	Discovery Date:	Oct. 2004
	Discoverer (Individual, Ship):	R/V Dayang Yihao

Supporting Survey Data, includingTrack Controls:	Date of Survey:	Oct. 2004
	Survey Ship:	R/V Dayang Yihao
	Sounding Equipment:	Multi-beam sounding system（EM120）
	Type of Navigation:	SEASTAR 3100LRS WAD DGPS
	Estimated Horizontal Accuracy (nm):	0.0054nm higher
	Survey Track Spacing:	3 nm
	Supporting material can be submitted as Annex in analog or digital form: See Attachments	

Proposer(s):	Name(s):	Zhanhai ZHANG
	Date:	Sept. 2012
	E-mail:	heyunxu@hotmail.com
	Organization and Address:	State Oceanic Administration, China No.1 Fuxingmenwai Ave. Beijing
	Concurrer (name, e-mail, organization and address):	

Remarks:	

Attachments:

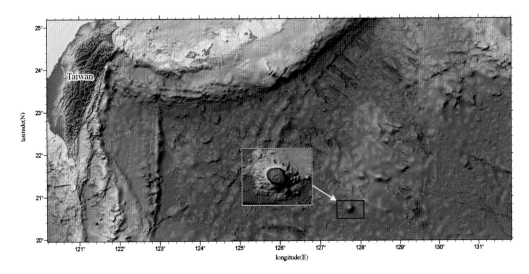

Fig.1   Index map showing the location of Risheng Guyot

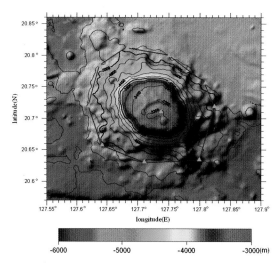

Fig.2　Bathymetric map of Risheng Guyot. Contours are in 200 m

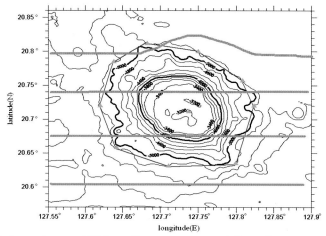

Fig.3　Bathymetric map of Risheng Guyot, showing track lines. Contours are in 200 m

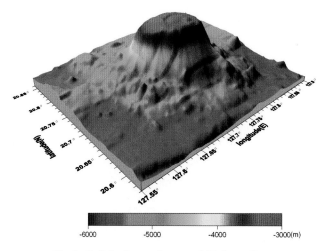

Fig.4　3-D bathymetric map of Risheng Guyot

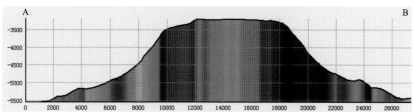

Fig.5　Profiles bathymetric map of Risheng Guyot

参考文献

Ana Angelica Alberon,Shaohua Lin. User's Guide for Preparation of Undersea Feature Name Proposals to the GEBCO Sub-Committee on Undersea Feature Names – SCUFN ,The summary report of the 25th meeting of the GEBCO Sub-Committee on Undersea Feature Names(SCUFN), Wellington,Newzealand.

IHO-IOC. 2008. Standardization of Undersea FeatureNames, Bathymetric Publication, No. 6 (B-6).

IHO-IOC. 2011. Gazetteer of Undersea Feature Names. Bathymetric Publication, No. 8 (B-8).

附录

附录 1　按汉语拼音字母排序的 SCUFN 中文通名索引表

I. 通名	Generic Terms
矮丘	MOUND
鞍部	SADDLE
冲积裙	APRON
冲积堤	LEVEE
断裂带	FRACTURE ZONE
断裂谷	RIFT
海槽	TROUGH
海底峰	PEAK
海底高原	PLATEAU
海底水道	SEACHANNEL
海底峡谷	CANYON
海底崖	ESCARPMENT
海沟	TRENCH
海谷	VALLEY
海脊	RIDGE
海槛	SILL
海隆	RISE
海盆	BASIN
海丘	HILL
海山	SEAMOUNT
海山链	SEAMOUNT CHAIN
海扇	FAN
海穴	HOLE
海渊	DEEP
环形洼地	MOAT
尖礁	PINNACLE
礁	REEF(S)

阶地	TERRACE
裂谷	GAP
陆架	SHELF
陆坡	SLOPE
泥火山	MUDVOLCANO
平顶山	GUYOT(S)
浅滩	SHOAL(S)
沙脊	SANDRIDGE
山口	PASSAGE
山嘴	SPUR
深海平原	ABYSSAL PLAIN
塌陷火山口	CALDERA
滩	BANK
特征区	PROVINCE
盐丘	SALTDOME
圆丘	KNOLL
II. 与其他辞典和定义用法保持一致的通名	Generic Terms Used for Harmonization with Other Gazeteers and Definitions
边缘地	BORDERLAND
大陆边缘	CONTINENTAL MARGIN
大陆架	CONTINENTAL SHELF
大陆隆	CONTINENTAL RISE
陡崖	SCARP
海底谷	SUBMARINE VALLEY
海谷	SEA VALLEY
海岬	PROMONTORY
海锥	CONE
陆架坡折	SHELF BREAK
陆架外缘	SHELF-EDGE
群岛裙	ARCHIPELAGIC APRON
深海丘	ABYSSAL HILL
水道	CHANNEL
洋中脊	MID-OCEANIC RIDGE
中央裂谷	MEDIAN VALLEY
桌状海山	TABLEMOUNT

附录2 海底地名命名提案表（中／英）

UNDERSEA FEATURE NAME PROPOSAL

Notes:

说明：(a) Translation in Chinese is provided for convenience. However, the form should be filled in English.

表中添加的中文翻译只是为了方便阅读。正式填表时应使用英文填写。

(b) The boxes will expand as you fill the form.

填写本表时表格单元可以扩展。

Name Proposed: 拟命名称:		Ocean or Sea: 大洋或海:	

Geometry that best defines the feature (Yes/No):
最佳定界实体范围的几何图形（是/否）：

Point 点	Line 线	Polygon 多边形	Multiple points 多点	Multiple lines* 多线*	Multiple polygons* 多个多边形*	Combination of geometries* 几何图形组合*

* Geometry should be clearly distinguished when providing the coordinates below.
* 提供下列坐标时，应能清楚地体现几何图形。

Coordinates: 坐标:	Lat. (e.g. 63°32.6′N) 纬度（例如：63°32.6′N）	Long. (e.g. 046°21.3′W) 经度（例如：046°21.3′W）

Feature Description: 实体描述:	Maximum Depth: 最大水深:		Steepness: 坡度:	
	Minimum Depth: 最小水深:		Shape: 形状:	
	Total Relief: 总起伏:		Dimension / Size: 尺度/大小范围:	

Associated Features: 相关实体:	

	Shown Named on Map / Chart: 标有该地理实体及名称的地图/海图：	
Chart / Map References: 参照海图/地图：	Shown Unnamed on Map / Chart: 只标有该地理实体但未标出其名称的地图/海图：	
	Within Area of Map / Chart: 标明该地理实体所在区域的地图/海图：	

Reason for Choice of Name (if a person, state how associated with the feature to be named): 选择名称的理由（如果是人名，应说明与要命名实体的关系）：	

| | Discovery Date:
发现日期： | |
| Discovery Facts:
发现事实： | Discoverer (Individual, Ship):
发现者（个人、船只）： | |

	Date of Survey: 调查日期：	
	Survey Ship: 调查船：	
	Sounding Equipment: 测深设备：	
Supporting Survey Data, including Track Controls: 支持调查资料，包括测 线控制：	Type of Navigation: 导航类型：	
	Estimated Horizontal Accuracy (nm): 估计水平精度（海里）：	
	Survey Track Spacing: 测线间隔：	
	Supporting material can be submitted as Annex in analog or digital form. 支持调查资料可作为附件以模拟或数字形式提交。	

	Name(s): 姓名：	
	Date: 日期：	
	E-mail: 电子信箱：	
Proposer(s): 名称提案人：	Organization and Address: 单位和地址：	
	Concurrer (name, e-mail, organization and address): 共同发起人（姓名、电子信箱、 单位和地址）：	

Remarks: 备注：	

附录 3 我国被 SCUFN 接受的海底地名

序号	中文名称	英文名称	中心点（纬度）	中心点（经度）	所属海域	命名理由
2011年通过的提案						
1	白驹平顶山	Baiju Guyot	17°53.9′N	178°58.7′E	西北太平洋	"白驹"在中文中指人们非常喜爱的白马。名字取自中国古代《诗经》中的"小雅"篇，《白驹》其中一首描写有关朋友离别时依依不舍的诗篇。诗中描写主人想方设法地把客人骑的马拴住，留马是为了留人，字里行间流露了主人殷勤好客的热情和真诚。该地理实体形状似马，故命名，寓意中国人民自古以来热情好客的友善情怀
2	鸟巢海丘	Niaochao Hill	01°22.0′S	102°27.5′W	东太平洋	该地理实体于2008年8月，中国执行大洋调查第20航次期间被发现，当时正值北京举办第28届奥运会，形状酷似北京奥运体育馆鸟巢，故命名"鸟巢"
3	彤弓海山群	Tonggong Seamounts	14°13.8′N	165°51.6′W	西北太平洋	名字取自中国古代《诗经》中的"小雅"篇。《彤弓》是其中的一首诗篇。据记载，周天子用弓矢等物赏赐有功的诸侯，是西周到春秋时代的一种礼仪制度。《彤弓》这首诗就是对这种礼仪制度的形象反映。"弓"是中国古代的一种兵器。该地理实体分布形状似如弓，故命名，寓意中国人民崇敬勇者的社会风尚
4	徐福平顶山	Xufu Guyot	19°32.3′N	157°56.0′E	西北太平洋	徐福是中国秦代著名的道士。他博学多才，通晓医学、天文、航海等知识。徐福曾被秦始皇派遣，带领数百人出海数年，采集"长生不老"仙药，一去不返，故在中国沿海一带的民众中名望颇高。该地理实体以"徐福"命名，用以纪念其在中国开启航海活动中的突出贡献

序号	中文名称	英文名称	中心点（纬度）	中心点（经度）	所属海域	命名理由
5	瀛洲海山	Yingzhou Seamount	19°57.8′N	157°27.3′E	西北太平洋	在中国古代神话中，瀛洲、方丈、蓬莱是位于海上的三座仙山，人们可以从那里获取药材。徐福就被秦始皇派遣去寻找"长生不老"的仙药，瀛洲即为其目的地之一。该地理实体位于"徐福平顶山"附近，故以此命名以纪念这个传说
6	蓬莱海山	Penglai Seamount	19°12.3′N	158°14.0′E	西北太平洋	该地理实体位于"徐福平顶山"附近，命名原因同"瀛洲海山"
7	方丈平顶山	Fangzhang Guyot	19°46.3′N	157°22.8′E	西北太平洋	该地理实体位于"徐福平顶山"附近，命名原因同"瀛洲海山"
2012年通过的提案						
8	日昇平顶山	Risheng Guyot	20°42.6′N	127°44.1′E	西北太平洋	日昇"一词源于中国著名的世界文化遗产——福建土楼其中的一个楼名，寓意太阳升起，蒸蒸日上。日昇楼在福建土楼中属于特色鲜明的圆形土楼。该海底地理实体山顶浑圆，犹如太阳从海底升起，形状又与日昇楼类似，故以"日昇"命名
9	日潭海丘	Ritan Hill	21°9.4′N	127°45.2′E	西北太平洋	日月潭为台湾著名风景名胜区，分为南北两部分，北部形如圆日，也称"日潭"，南部形如弯月，也称"月潭"。该海底地理实体主体形如圆日，故以"日潭"为名
10	月潭海脊	Yuetan Ridge	21°11.7′N	127°55.7′E	西北太平洋	该海底地理实体主体形如弯月，且位于另一海底地理实体日潭海丘以南，故以"月潭"为名
11	维翰海山	Weihan Seamount	00°05.2′S	101°24.2′W	东南太平洋	选自中国古诗集《诗经》（大雅）诗名"价人维藩，大师维垣，大邦维屏，大宗维翰。"维翰寓意栋梁，故取此名
12	魏源海山	Weiyuan Seamount	09°48.3′N	154°31.8′W	东南太平洋	魏源是中国清代启蒙思想家、政治家、文学家，著有《海国图志》，介绍世界各国的历史、地理和科技，是中国最早的世界地理学著作之一。此海山以魏源命名，以纪念他的突出成就

续 表

序号	中文名称	英文名称	中心点（纬度）	中心点（经度）	所属海域	命名理由
13	潜鱼平顶山	Qianyu Guyot	22°58.4′N	175°38.5′E	西北太平洋	选自中国古代文学名著《诗经》（小雅），诗名"鱼潜在渊，或在于渚"。"潜鱼"表示在深水中的鱼。此海山山顶形状类似一条下潜的鱼儿，故取此名
14	织女平顶山	Zhinyu Guyot	19°39.2′N	160°09.4′E	西北太平洋	选自中国古代文学名著《诗经》（小雅）诗名"跂彼织女，终日七襄。虽则七襄，不成报章。睆彼牵牛，不以服箱。"此诗叙述一个爱情故事。牵牛（又称牛郎）和织女本是一对夫妻，后来被迫分开，化作银河中的牛郎星座和织女星座，中间以银河相隔，每年农历七月初七才能鹊桥相会一次。两个平顶山距离较近，分别命名织女平顶山和牛郎平顶山，他们以海谷相隔离，就像牛郎、织女隔着银河相望。牛郎平顶山俯视形状像牛头，北面有两个小型海山，好像牛郎带着他们的两个孩子。由此，西南面的海山命名为织女平顶山，东北面的海山命名为牛郎平顶山
15	牛郎平顶山	Niulang Guyot	20°44.3′N	161°11.6′E	西北太平洋	命名原因同织女平顶山
16	乔岳海山	Qiaoyue Seamount	37°20.0′S	052°07.0′E	南印度洋	选自中国古代文学名著《诗经》（周颂）"陟其高山，嶞山乔岳，允犹翕河"。乔岳表示高大的山峰，此处形容海山形态高大，似栋梁的底座，故命名为乔岳
17	宵征海山	Xiaozheng Seamount	16°12.9′S	013°06.5′W	南大西洋	选自中国古代文学名著《诗经》（召南）诗名"肃肃宵征，夙夜在公"。宵征表示夜间行走。此海山是在深夜调查时发现的，故取此名
18	凯风海山	Kaifeng Seamount	22°56.6′S	013°25.9′W	南大西洋	选自中国古代文学名著《诗经》（邶风）诗名"凯风自南，吹彼棘心"。凯风表示温暖的风，发现此海山时和风习习，故取此名
19	采蘩海山	Caifan Seamount	14°03.1′S	014°21.1′W	南大西洋	选自中国古代文学名著《诗经》（召南）诗名"于以采蘩，于涧之中"。蘩意水草，全诗表示女子采蘩参加贵族祭祀

续 表

序号	中文名称	英文名称	中心点（纬度）	中心点（经度）	所属海域	命名理由
2013年通过的提案						
20	长庚海山	Changgeng Seamount	09°08.5′N	153°41.6′W	太平洋	出自《诗经·小雅·大东》（《诗经》是公元前11世纪至公元前6世纪的中国诗歌总集）"东有启明，西有长庚"。金星天亮前出现在东方，称为"启明星"；黄昏时出现在西方，称为"长庚星"。启明海山和长庚海山分别位于中国大洋协会多金属结核合同区的东区和西区，故东区的海山命名为启明，以喻日出东方；西区的海山命名为长庚，以喻日落西方
21	启明海山	Qiming Seamount	08°20.3′N	142°16.5′W	太平洋	命名原因参见长庚海山
22	甘雨海山	Ganyu Seamount	10°30.2′N	152°24.2′W	太平洋	出自《诗经·小雅·甫田之什》（《诗经》是公元前11世纪至公元前6世纪的中国诗歌总集）"以祈甘雨，以介我稷黍，以谷我士女"。甘雨：对农业耕作非常适宜的雨。中国古代是农耕社会，对天气非常依赖，此海山起名甘雨，以示中国古人对丰收的美好期望
23	朱应海山	Zhuying Seamount	08°41.0′N	144°12.6′W	太平洋	中国三国时代（公元220—280年）吴国人，曾组织船队出访南海周边国家，是中国古代有历史记载以来最早航海到达东南亚的旅行家。朱应著有《扶南异物志》与《吴时外国传》，记载了当时航海和出访国家的一些珍贵史料。现以朱应命名此海山，以纪念他在航海历史上的贡献
24	维鱼平顶山	Weiyu Guyot	18°06.5′N	178°42.5′W	太平洋	出自《诗经·小雅·鸿雁之什》（《诗经》是公元前11世纪至公元前6世纪的中国诗歌总集）："牧人乃梦，众维鱼矣，旐维旟矣，大人占之。"意为：牧人梦见蝗虫化作鱼群，梦见旗帜上画的龟蛇变成鹰，请人占卜，发现这是丰收与家庭增添人丁的好兆头。此海山命名为维鱼平顶山，意为中国古人对梦的理解以及对美好生活的向往

续 表

序号	中文名称	英文名称	中心点（纬度）	中心点（经度）	所属海域	命名理由
25	大成平顶山	Dacheng Guyot	21°41.8′N	160°40.3′E	太平洋	取自《诗经·小雅·南有嘉鱼之什》（《诗经》是公元前11世纪至公元前6世纪的中国诗歌总集）"允矣君子，展也大成"，用以赞颂周宣王勇武果敢有实力，必可成功。此海山命名为大成海山，以赞扬中国大洋科考队员不畏艰险，勇于探索的精神和气魄
26	谷陵海山群	Guling Seamounts	10°57.1′N	170°22.2′W	太平洋	出自《诗经·小雅·节南山之什》（《诗经》是公元前11世纪至公元前6世纪的中国诗歌总集）"高岸为谷，深谷为陵"，指高岸变成深谷，深谷变成大山，反映了中国古人对地质变迁的科学认识。此海山群命名为谷陵海山群，以彰显中国古人对地质现象的认识水平已经达到一定高度
27	柔木海山群	Roumu Seamounts	10°21.3′N	167°01.6′W	太平洋	出自《诗经·小雅·节南山之什》（《诗经》是公元前11世纪至公元前6世纪的中国诗歌总集）"荏染柔木，君子树之"。意思是质地柔韧的树木由君子栽种。此海山群命名为柔木海山群，以彰显中国古人"前人栽树，后人乘凉"的高尚品德
28	天作海山	Tianzuo Seamount	27°53.2′S	063°27.8′E	印度洋	出自《诗经·周颂·天作》（《诗经》是公元前11世纪至公元前6世纪的中国诗歌总集）："天作高山，大王荒之。"意思是高耸的岐山自然形成，大王带领国民勇于开拓。2009年中国科学家在此海山首次发现了与超基性岩相关的多金属硫化物矿点，是中国大洋科考的重大突破，此海山命名为天作海山，以纪念此发现
29	客怿海山	Keyi Seamount	09°03.7′N	058°13.1′E	印度洋	出自《诗经·商颂·那》（《诗经》是公元前11世纪至公元前6世纪的中国诗歌总集）："我有嘉客，亦不夷怿"。意思是有宾客到来，大家都很快乐。此海山命名为客怿海山，表示不同专业的科学家一起工作，大家同舟共济，共同享受科学考察的乐趣

序号	中文名称	英文名称	中心点（纬度）	中心点（经度）	所属海域	命名理由
2014年通过的提案						
30	楚茨海山	Chuci Seamount	07°49.2′N	144°31.7′W	太平洋	出自《诗经·小雅·楚茨》"楚楚者茨，言抽其棘"。这两句是指田野上的蒺藜十分茂密，需要清除它们来播种粮食。以"楚茨"命名此海山，寄寓着中国古人具有勤劳开拓的精神
31	芳伯海山	Fangbo Seamount	09°40.1′N	152°38.5′W	太平洋	罗芳伯（公元1738—1795），1738年出生于今广东省梅州市。1772年，罗芳伯与他的100余名亲友漂洋过海，来到盛产金矿和钻石的婆罗洲（即今印度尼西亚西部的加里曼丹岛）。罗芳伯文武双全，既能团结侨胞，又能与当地土人合作，深受当地人民和华侨的拥戴。他的事迹被记载于谢清高所著的《海录》中。以"芳伯"命名此海山，以纪念其历史功绩
32	嘉卉海丘	Jiahui Hill	08°29.8′N	144°24.3′W	太平洋	出自《诗经·小雅·四月》"山有嘉卉，侯栗侯梅"。这两句是指山坡上百花盛开，栗树和梅树茂密生长。嘉卉指美丽的鲜花，以此命名海山，寄寓着中国古人对大自然的赞美
33	景福海丘	Jingfu Hill	08°56.1′N	153°47.3′W	太平洋	出自《诗经·小雅·大田》"以享以祀，以介景福"。这两句描述古人祭拜上天和祖先，希望得到祝福和保佑。以"景福"命名海山，寄寓着中国人对美好生活的向往
34	天祜海丘	Tianhu Knoll	08°28.3′N	145°44.7′W	太平洋	出自《诗经·小雅·信南山》"曾孙寿考，受天之祜"。这两句指子孙后代生生不息，皆受上天保佑之福。"天祜"意为受上天佑和祝福，以此命名海丘，表示中国古人对子孙后代的美好祝福

续 表

序号	中文名称	英文名称	中心点（纬度）	中心点（经度）	所属海域	命名理由
35	蓑笠平顶山	Suoli Guyot	18°42.6′N	178°42.5′W	太平洋	出自《诗经·小雅·无羊》。这首诗描绘了一幅牛羊蕃盛、生动活泼的放牧狩猎生活画卷。身着蓑衣、头戴斗笠的牧人放牧的牛羊遍布在山丘和池边，牧人轻轻挥鞭，成群的牛羊跃上坡顶。牧人梦见蝗虫都化为鱼，梦见了画着鹰隼的旗帜，太卜占梦之后，认为这个梦预示着来年五谷丰登、人畜兴旺，表现了古人对美好生活的追求与向往。以"无羊"这首诗中的"蓑笠、犉羊、年丰和牧来"等词按顺时针方向分别命其中4座海山，寓意区域内海山的分布如牛羊遍野。此海山命名为"蓑笠"，是指牧人雨中放牧时穿着的草棕雨衣和竹编帽子
36	犉羊海山	Chunyang Seamount	18°19.7′N	178°15.9′W	太平洋	出自《诗经·小雅·无羊》，此海山命名为"犉羊"，意指放牧的大牛和群羊
37	年丰平顶山	Nianfeng Guyot	18°01.4′N	178°24.0′W	太平洋	出自《诗经·小雅·鸿雁之什·无羊》，此海山命名为"年丰"，意指风调雨顺，五谷丰登的好年景
38	牧来平顶山	Mulai Guyot	18°49.8′N	179°16.8′W	太平洋	出自《诗经·小雅·无羊》。此海山命名为"牧来"，意指牧人来野外放牧
39	维骐平顶山	Weiqi Guyot	20°15.5′N	149°39.2′E	太平洋	出自《诗经·小雅·皇皇者华》："我马维骐，六辔如丝"。指出去访察民情的使者骑着黑色条纹的马，马的缰绳十分地调匀，本篇寓意使者出使途中不忘君王所教，忠于职守的高尚品德。以"维骐"命名此海山，赞誉中国古代使臣铭记职责，不辞辛劳的工作作风
40	维骆平顶山	Weiluo Guyot	20°00.8′N	150°09.9′E	太平洋	出自《诗经·小雅·皇皇者华》。以"维骆"命名此海山，赞誉中国古代使臣铭记职责，四处精查细问的工作作风

序号	中文名称	英文名称	中心点（纬度）	中心点（经度）	所属海域	命名理由
41	思文海脊	Siwen Ridge	28°30.5′S	062°29.7′E	印度洋	出自《诗经·周颂·思文》："思文后稷，克配彼天"。这里提到的"后稷"是周人的始祖，这两句是指后人想起后稷当初治理国家的功德，可以与上天相比。以"思文"命名此海山，表示后人不忘祖先的伟大功绩
42	方舟海山	Fangzhou Seamount	25°46.8′S	013°38.8′W	大西洋	出自《诗经·国风·邶风·谷风》："就其深矣，方之舟之，就其浅矣，游之泳之"。指处理事情要像渡河一样，河水很深时，要乘坐竹筏舟船渡过；如果河水很浅，就游过去。象征处理事情时，要根据不同情况，采用不同的方式。以"方舟"命名此海山，表明中国古人具备处理事务的灵活手段与朴素的哲学思维
43	海东青海山	Haidongqing Seamount	18°41.7′N	125°34.4′E	太平洋	海东青为世界上飞得最高最快的鸟，有"万鹰之神"的含义，是中华肃慎（满洲）族系的最高图腾，代表智慧，勇气，耐性，诚实，创造进取，决不放弃，以此命名来象征中华民族的智慧

附录 4　SCUFN 例次会议简况

序次	时间	地点	参会人员	主要内容
1	1975年3月13～14日	摩纳哥（国际水道测量局）	主　席：Mr. G.N. Ewing（加拿大） 委　员：Mr. Roubertou, Commodore Kapoor（秘书）	选举产生主席，介绍分委会成立的背景，讨论处理海底地名的原则，着手编制海底地名命名指南，并审议了几个GEBCO图上的海底地名
2	1976年2月4日	加拿大	主　席：Mr. G.N. Ewing（加拿大） 委　员：B.C. Heezen, M. M. Roubertou, Commodore Kapoor（秘书） 观察员：Mr. T. C. Carter-DMA(HC), Dr. B.D. Loncaravic-Atlantic Geoscience Center, Mr. D. Monahan（加拿大）	讨论了GEBCO图上地名命名和处理的原则，并对加拿大地名永久委员会起草的海底地名有关术语定义和地名处理程序进行了讨论
3	1978年4月21日	加拿大	主　席：Mr. G.N. Ewing（美国） 委　员：Dr. R.L. Fisher（美国）, Monsieur A. Roubertou, Commodore Kapoor（秘书） 特　邀：Dr. R. Randal（美国）1, Dr. Jack W. Pierce（美国） 观察员：Mr. D. Monahan（加拿大）	讨论了GEBCO 5.01和5.04编制过程中遇到的问题，尤其是海底地名问题；讨论了地名处理的原则和标准，术语和定义等方面如何与其他项目相互衔接的问题
4	1980年10月3～4日	摩纳哥（国际水道测量局）	主　席：Mr. G.N. Ewing（加拿大） 委　员：Dr. R.L. Fisher（美国）, Ing. Andre Roubertou（法国）, Dr. Galina Agapova（苏联）, Commodore Kapoor（秘书） 观察员：Mr. Dave Monahan（加拿大）, Dr. J. Pierce（美国）, Dr. R. Randall, Mrs. Sandra Shaw（美国）	讨论审议了GEBCO5.16图中出现的地理实体范围的界定和命名问题；讨论了处理GEBCO图中海底地名命名的政策，审议了海底地名命名指南，明确了专名和通名的命名原则，以及命名的程序，并给出了提案表模板，对43个通名术语进行了定义和描述；与联合国地名标准化的有关问题，论了如何共同采用海底地理实体术语定义及定义的有关问题；讨论了与地中海区域国际水深图编委会合作的有关问题，此次会议具有承上启下的重要作用，为之后工作制定了框架，奠定了基础

续表

序次	时间	地点	参会人员	主要内容
5	1981年4月13日	加拿大	主　席：Mr. G.N. Ewing（加拿大） 委　员：Dr. R.L. Fisher（美国），Ing. Andre Roubertou（法国），Mr. David Monahan, Commodore Kapoor（秘书）	审议了11个地名提案，其中10个提案通过审议，1个需要提供进一步的说明信息，一致审议通过了GEBCO5.07, 5.08, 5.09图幅上的地名；GEBCO同意分委会提出的海底地名和命名名指南，并提交下欢联合国地名标准会议审议通过所有国名指南；同意将审议通过的命名指南和通名术语会议通过作为指南并非强制性使用，和IOC成员国国家机构作为指南使用，但非强制性使用，旨在逐步建立国际性标准；秘书介绍了国际水道测量局代表分委会与联合国地名标准会议就海底地名国际海区域水深图编制中有关地名方面的合作情况
6	1985年4月22—24日	摩纳哥（国际水道测量局）	主　席：Dr. R.L. Fisher（美国） 委　员：Dr. GalinaV. Agapova（苏联），Ing. Général André Roubertou（法国），Vice-Admiral Orlando A.A. AFFONSO（英国），Mr. R.R. Randall（美国），Mr. William F. Watson（英国）M. Antoine Ferreroregis（国际水道测量局，秘书） 观察员：Mr. William F. WAT SON（英国），Commodore Sergei V. VAL' CH英国（苏联），Lic. Felix H. Mouzo（Argentina），Dr. I.Ionov (IBCM Secretary)	会前分委会收到了许多提交地名提案的信件和文档，涉及几百个地名，国际水道测量局对其进行了筛选，选取了能在1:3.5M和1:10M图上清晰表示的地理实体的地名，其他较小地理实体的地名也记录在全国国际水道测量局的地名录中，留待今后使用。会上审议通过了180多个地名，这些地名将反映在GEBCO第5版重印图中。会上也加强调了几个问题：①苏联提交的地名应用简单的罗马拼写系统，②要将苏联的地名提案与BGN的地名记录对照检查，以免重复，③对会议审议通过的180多个地名和其他已有的相关地名记录进行交叉检查，以免重复。RANDALL说会后他将修改联合国的相关文件以反映最新的情况，同时也会做好UN和USBGN之间的沟通合作，以使相互接受，共同受益

续 表

序次	时间	地点	参会人员	主要内容
7	1987年4月25—27日	摩纳哥（国际水道测量局）	主　席：Dr. R. L. Fisher（美国）委　员：Dr. Robin K.H. Falconer（新西兰），Dr. Galina V. Agapova（苏联），Ing. Génêral André Roubertou（法国），Vice-Admiral Orlando A.A. Affonso（国际水道测量局），M. Antoine Ferrero-Regis（秘书，国际水道测量局）观察员：Mr. D.P.D. SCOTT（英国），Dr. M. Maliavko（IBCM Secretary）	会前分委会收到了许多提交地名提案的信件和文档，会上对这些提案中出现的实体位置不准确、重名等问题进行了审议；听取了Dr. Fisher与国际水道测量局和美国BGN关于东北印度洋和北阿拉伯海的海底地名提案的沟通情况，并对上述区域12个具体地名提案，以及南太5.10和5.11图幅中的7个地名进行了审议；审议了7个大西洋提案，11个太平洋提案，4个南太平洋提案，5个印度洋提案，8个北冰水洋提案；接受了Dr. Mark Maliavko提交的地中海图幅中的13个提案会议对命名名指南和地名词典提出了修改意见；Dr. Falconer介绍了新西兰海洋研究所编制的西南太平洋的海底地名词典，词典中列出了地名及其所在图幅，目前这些地名一半为索引卡片，另一半为计算机文件形式。分委会鼓励其他地区也开展此类工作并希望尽快印刷出版
8	1989年5月10—12日	摩纳哥（国际水道测量局）	主　席：Dr. R. L. Fisher（美国）委　员：Ing. en Chef Jean Laporte（新西兰），Dr. Galina V. Agapova（苏联），Rear A. Alfredo CIVETTA（国际水道测量局）观察员：Mr. D.P.D. Scott（英国），Mr. A.S.D. Gazis（希腊），Dr. M. Maliavko（IBCM Secretary）	国际水道测量局和法国的两名委员进行了变更，对分委会的职能范围进行了修订，在经GEBCO批准后发布；分委会强烈反对单方面对海海底地名进行命名，需经命名各组织正式批准后才能写入公开出版物。与此相关，分委会请Dr. Agapova就Dr. V.Golo-vinski即将出版的《太平洋构造》一书中出现的地名提交1个地名列表和支撑材料，会议接受了苏联Dr. Agapova提交1个地名提案，土耳其19个，美国9个，苏联6个，英国1个，以及ACUF的12个地名提案；分委会同意出版俄英版本的地名词典，鼓励海洋学家通过命名委托会提交地名提案

续表

序次	时间	地点	参会人员	主要内容
9	1991年6月5—7日	苏联列宁格勒	主席：Dr. R. L. Fisher（美国）委员：Dr. GalinaV. Agapova（苏联），Rear A. A. Civetta（国际水道测量局），Dr. R. Randall（美国），Michel Huet（秘书）观察员：Mr. D.P.D. Scott（英国）	法国委员Ingenieur en Chef Jean LAPORTE退休，其委员职位暂空缺，对上次会议报告遗留的几个地名问题进行了讨论，接受经修改的两个地名提案；会议审议接受了专家个人提交的地名提案：德国1个，澳大利亚1个，美国11个，新喀里多尼亚4个，印度1个，苏联6个；接受了ACUF提交的10个（36个未被接受），取自法国编制的水深图上的40个，以及NOAA提交的16个地名
10	1993年4月29日至5月3日	美国Scripps海洋研究所	主席：Dr. R.L. Fisher（美国）委员：Dr. GalinaV. Agapova（俄罗斯），Dr. Robin K.H. Falconer（新西兰），Dr. R. Randall（美国），Mr. Kunio Yashima（日本），Michel Huet（国际水道测量局，秘书）特邀：Mr. Anthony Gregory（美国，Adviser to the Sub-Committee），Geol. Jose Luis Frias（MEXICO，representing IBCCA），Mr. Paul Leverenz（美国），Mr. D. P.D. Scott（英国，Permanent Secretary GEBCO）	委员变更：由日本的Mr. Kunio Yashima替代法国的Ingenieur en Chef Jean Laporte，由国际水道测量局的Rear Admiral Christian Andreasen替代Rear Admiral Alfredo Civetta（国际水道测量局）；对上次会议总结报告中存在的问题进行了修改和审议，美国地名委员会（BGN）秘书Dr. Randall报告了BGN和ACUF的整体情况，介绍了其与海底地名有关的工作，并愿与SCGN开展交流和合作；审议了上次会议以来提交的地名提案，8个国家科学家提交提案的94个提案获得审议通过。其中，美国30个、印度1个、澳大利亚43个、德国16个、俄罗斯哥1个、日本1个，讨论了IHO-IOC BP-008词典中10个重复的地名问题（实体在不同位置给同），讨论了将修订的5.12图幅中地名问题；讨论了GEBCO图幅中有疑问的地名，听取了1991年2月至1992年11月ACUF审议的地名情况（第243～255次会议），接受了ACUF提出的27个地名，讨论了分委会的职能范围，拟报GGC批准，同时建议将SCGN更名为SCUFN，为了提高地名审议效率，拟将修订地名提案的程序规则

续　表

序次	时间	地点	参会人员	主要内容
11	1995年5月11~13日	摩纳哥（国际水道测量局）	主　席：Dr. R.L. Fisher（美国） 委　员：Dr. GalinaV. Agapova（俄罗斯），Rear Admiral Christian Andreasen（国际水道测量局），Michel Huet（国际水道测量局，秘书） 特　邀：Mr. D. P.D. Scott（英国，GEBCO常务秘书），Mr. Norman Z. Cherkis（美国，BGN/ACUF主席），Mr. Dmitry TRAVINE（IOC）	对上次会议总结报告中存在的问题进行了修改和审议，审议了上次会议以来提交的地名提案，7个国家科学家提交的77个提案获得审议通过。其中，美国33个、印度两个、俄罗斯两个、德国两个、西班牙两个、墨西哥32个（其中22个经修改后接受），日本1个，接受了ACUF第257~261次会议上（1993年11月至1995年2月）提出的30个地名，以及从ACUF词典中提取的8个地名；从新西兰海洋所编制的水深图中判别接受了能在GEBCO图上表示的27个地理实体名称 讨论了IHO/IOC地名词典（B-8出版物）第二版的电子版及管理软件，SCUFN建议要大量增加地名的附加信息，如地名来源等原始的有价值信息，讨论了地名提案的相关程序和规则，明确了主席、委员、秘书，SCUFN，ACUF，IOC在提案审议过程中的相互关系

序次	时间	地点	参会人员	主要内容
12	1997年6月17—20日	英国水文办公室(汤顿)	主席: Dr. R.L. Fisher (美国) 委员: Dr. Galina V. Agapova (俄罗斯), R. A. C. Andreasen (国际水道测量局), Michel Huet (国际水道测量局, 秘书), Mr. M. A. de C. Oliveira (巴西), Dr. R. K.H. Falconer (新西兰) 特邀: Mr. D. P.D. Scott (英国), Dr. Gleb B. Udintsev(Russia), Mr. Trent Palmer (美国), Dr.-Ing. Hans-Werner Schenke (德国)	对上次会议总结报告中存在的问题进行了修改和审议，接受了上次会议提交并经修改完善的16个提案，在上次会议后处理的一些提案情况；接受了3国8个专家提出的40个提案。其中，美国6个，法国6个，德国1个，ACUF第262~263次会议（1995年5月、6月）审议了SCUFN第11次会议上墨西哥专家提出的75个地名提案并接受了部分提案，但SCUFN与ACUF在许多提案上不能达成一致的意见，接受了从德国、美国、斐济等海图上提取的9个海底地名，以及从日本1990年海洋调查报告中提取的5个地名，接受了ACUF第269次会议（1996年11月）通过的4个海底地名。审议通过的新提交的地名提案包括，俄罗斯6个，美国53个，德国7个，墨西哥1个，新西兰三个，法国1个，接受了ACUF第268次会议上（1996年9月）审议通过的从IBCM图中提取的11个地名 会上分发了地名词典（B-8）第2版的纸质和电子版，IHB计划今后不再发布纸质版；会议为要加强同南极研究科学委员会地球物理与地理信息工作组的联系 关于通名定义的修订。在1996年的会议上，IHO地名词典与S-32工作组发现在一些通名的定义上与SCUFN存在不同。SCUFN和S-32工作组都认为两者之间应该协调一致，并组织相关专家进行了对比研究，SCUFN根据该研究成员对B-6第2版中的通名定义进行了修订

续 表

序次	时间	地点	参会人员	主要内容
13	1999年6月22—25日	加拿大	主 席：Dr. R. L. Fisher（美国） 书 秘：Michel Huet（法国） 委 员：Mr.Marco Antonio de Carvalho Oliveria（巴西），Dr.Kunio Yashima（日本），Rear Admiral Neil Guy（摩纳哥、IHB）（英国），Mr.Trent Palmer（阿根廷），Mr.Marcus Allsup（美国） 特 邀：Dr.Gleb B.Udintsev（俄罗斯），Dr.John K.Hall（以色列），Mr.Norman Z.Cherkis（美国），Mr.Luis Gonzagua Campos（巴西）	对上次会议总结报告中存在的问题进行了修改和审议（通过了上次会议遗留的29个海底地名）；对提交的179个新提案进行了审查，其中，通过137个，拒绝42个，通过的提案包括：巴西提交的大西洋中东部国际海图（IBECA）上的64个，法国提交的太平洋中东部国际海图（IBECA）上的38个，俄罗斯3个，德国3个，澳大利亚19个，日本4个，美国3个，南非3个；审议通过了从ACUF同典中提取的6个地名，对B-6标准中相关的地理实体通名界定进行了讨论
14	2001年4月17—20日	日本东京海上保安厅海洋情报部	主 席：Dr. R. L. Fisher（美国） 书 秘：Michel Huet（法国） 委 员：Dr.Kunio Yashima（日本） 特 邀：Mr.Noriyuki Nasu（日本），Mr.Kunikazu Nishizawa（日本），Mr.Masakazu Yoshida（日本），Mr.Tsuyoshi Yoshida（日本），Mr.Kantaro Fujioka（日本），Mr.Norman Z.Cherkis（美国），Mr.David Monahan（加拿大），Dr.John K.Hall（以色列），Lt Cdr Patricio Carrasco Hellwig（智利），Mr.Shin Tani（日本）	对上次会议总结报告中存在的问题进行了修改和审议（通过了上次会议遗留的48个海底地名）；对提交的117个新提案进行了审查，89个新提案获得了通过，28个被拒绝。通过的提案包括：法国19个，德国11个，美国6个，IBCEA（法国）53个；审查通过了日本海图上的211个地名，审查IBCEA 1.11和1.12海底地名11个；俄罗斯10个，法国67个，拒绝19个
15	2002年10月7—10日	摩纳哥（国际水道测量局）	主 席：Dr. R. L. Fisher（美国） 书 秘：Michel Huet（法国） 委 员：Mr.Desmond P.D.Scott（英国），Dr. Galina V. Agapova（俄罗斯） 特 邀：Capt.Hugo Gorziglia（摩纳哥、IHB），Dr.Dmitri Travin（UNESCO、法国），Mr. Li Si-shai（中国）	对SCUFN第13、第14次会议上的遗留问题进行了审议；对美国提交的7个新提案进行了审查。经委会审议、7个新提案获得了通过。通过的提案包括：北冰洋4个（ACUF），中太平洋3个（美国）；审查了东南太平洋国际海图（IBCSEP）上的海底地名10个（其中通过6个，拒绝4个）；审议了B-6标准（英/法第3版）；通过了ACUF地名8个，拒绝1个；更新了166个已经通过的海底地名信息，补充接受日本海图上的74个海底地名

序次	时间	地点	参会人员	主要内容
16	2003年4月10—12日	摩纳哥（国际水道测量局）	主席：Dr. R. L. Fisher（美国） 秘书：Michel Huet（法国） 委员：Dr. Hans Werner SCHENKE（德国），Dr.Galina V. Agapova（俄罗斯），Ms.Lisa A. TAYLOR（美国），Mr.Desmond P.D.Scott（英国），Mr.Kunikazu Nishizawa（日本），Capt.Vadim Sobolev（俄罗斯） 特邀：Mr.Shin Tani（日本），Dr.Dimitri Travin（UNESCO，法国），Prof.Dr-Ing.Werner Bettac（德国），Mr.Ron Macnab（加拿大），Lic.Jose Luis Frias Salazar（墨西哥），Dr.John K.Haill（以色列），Ing.Mario A. Reyes（墨西哥），Prof.SHI Sui-xiang（中国），Ingenieur general Andre Roubertou（法国），Capt.Valery Fomchenko（俄罗斯）	Dr. Hans Werner SCHENKE（德国），Mr.Kunikazu Nishizawa（日本），Ms Lisa A. TAYLOR（美国），Capt. Vadim Sobolev（俄罗斯），Mr Norman Cherkis（美国）成为新任SCUFN委员，对SCUFN第13、第14、第15次会议上的遗留问题进行了审议，对3个成员国提交的60个新提案进行了审查。经委员会审议，55个新提案获得了通过，5个被拒绝。通过的提案包括：北冰洋50个（其中俄罗斯34个，美国5个，德国11个），亚丁湾两个（其中俄罗斯1个，美国1个，德国1个），南部海域两个（其中俄罗斯1个，德国1个）；对国际IBC系列海图上出现的海底地名进行了审查，完善了西印度洋海图（IBCWIO）出现的11个海底地名，接受加勒比和墨西哥湾国际海图（IBCCA）海底地名29个，拒绝两个，接受ACUF海底地名7个，发布了海底地名名称典，对SCUFN现有制度进行了改革，包括委员制度、主席换届制度等，确定Dr. Hans Werner SCHENKE（德国）为新任SCUFN主席
17	2004年6月8—11日	俄罗斯圣彼得堡	主席：Dr. Hans Werner SCHENKE（德国） 秘书：Michel Huet（法国） 委员：Ms.Lisa A. TAYLOR（美国），Capt.Vadim Sobolev（俄罗斯），Dr.Galina Agapova（俄罗斯），Dr Yasuhiko OHARA（日本），Mr.Norman Z. CHERKIS（美国） 特邀：Mr.Trent Palmer（美国，ACUF），Mr.Dimitri Travin（法国，UNESCO），Mr.Lic.Jose Luis Frias Salazar（墨西哥），Dr. Gleb Udintsev（俄罗斯），Dr.German Naryshkin（俄罗斯），Dr.Turko Nataliya（俄罗斯），Captain V.Fomin（俄罗斯），Captain Dr.Smirnov V.G（俄罗斯）	对上次会议总结报告中存在的问题进行了修改和审议；原则上同意Dr Yasuhiko OHARA（日本）当选为新一届SCUFN委员，待GEBCO批准后提交的SCUFN委员，对4个成员国提交的43个新提案进行了审查。经委员会审得了通过，4个被拒绝，7个被确认。通过的提案包括：英国4个，俄罗斯27个，认为修订B-6文件，以及出版夹/俄、英/日、英/西班牙等版本是必要的；会议确定了地名提案提交的时间期限，即电子版在会前1个月提交，纸质版在会前两个月提交

续 表

序次	时间	地点	参会人员	主要内容
18	2005年10月3—6日	摩纳哥（国际水道测量局）	主 席：Dr. Hans Werner SCHENKE（德国） 秘 书：Michel Huet（法国） 委 员：Ms.Lisa A. TAYLOR（美国），Dr.Galina.Agapova（俄罗斯），Dr Yasuhiko OHARA（日本），Mr. Norman Z. CHERKIS（美国），Lic.Jose Luis Frias Szar（墨西哥），Capt.Vadim Sobolev（俄罗斯），Capt.Albert E.Theberge（美国），Cdr.Harvinda Avtar（印度） 特 邀：Mr.Marcus Allsup（美国），Dr. Dmitry Travin（法国），Prof.Jinyong Choi（韩国），Mr.SERGUER Travin（俄罗斯）	对上次会议总结报告中存在的问题进行了修改和审议； 对3个成员国提交的25个新提案进行了审查。经委员会审议，15个新提案获得了通过，7个被拒绝，3个保留。通过的提案包括：俄罗斯13个，德国两个。通过了从ACUF中提取地名12个。L. Taylor介绍了辞典网络版的开发情况，Mr. Huet展示了IHO开发的辞典浏览软件，会议认为应使两者相互兼容
19	2006年6月21—23日	德国不莱梅	主 席：Dr. Hans Werner SCHENKE（德国） 秘 书：Michel Huet（法国） 委 员：Ms.Lisa A. TAYLOR（美国），Cdr.Harvinda Avtar（印度），Dr.Galina.Agapova（俄罗斯），Dr. Hyun-Chul HAN（韩国），Dr. Yasuhiko OHARA（日本），Mr.Norman Z. CHERKIS（美国），Lic. Walter REYNOSO-PERALTA（阿根廷），Lic.Jose Luis Frias Szar（墨西哥），Capt. Albert E.Theberge（美国），LCdr.Rafael Ponce Urbina（墨西哥） 观察员：Prof.Sungjae Choo（韩国），Mr. You-Sub Jung（韩国），Dr.Shigeru Kato（日本），Capt.Paolo Lusiani（意大利），Mr.Taisei Morishinta（日本），Mr.Trent Palmer（美国），Dr.K.Srinivas（印度），Mr.Shin Tani（日本），Dr. Nataliya Turko（俄罗斯），Dr. Gleb Udintsev（俄罗斯），Dr.Kunio Yashima（日本）	对上次会议总结报告中存在的问题进行了修改和审议； 修改和完善了SCUFN的职责范围，强调了SCUFN不审议带有政治敏感性的海底地名，因为分委会对海域是否存在争议也很难做出判断，讨论了B-6的修订和英、俄、日、英、匈牙利等双语版本的情况，L. Taylor演示了与Google NGDC开发的网络版地名辞典，分委会认为通过Google Earth结合，可以更方便地让公众使用，同时建议辞典应应建立在Oracle地理空间数据库基础之上，秘书也汇报了IHB正在开发的辞典浏览软件的进展情况，对3个成员国提交的21个新提案进行了审查。经委员会审查，16个新提案获得了通过，5个被拒绝。通过的提案包括：俄罗斯6个，德国6个，日本4个；韩国在本次会议上就SCUFN地名辞典中位于其专属经济区和大陆架中的海底地名发表了政府声明，强调在国家间未正式划界的区域进行命名应事先互相通报并取得一致意见，另外辞典中标明命名未明命名的起源情况

序次	时间	地点	参会人员	主要内容
20	2007年7月9—12日	摩纳哥（国际水道测量局）	主席：Dr. Hans Werner SCHENKE（德国）；秘书：Michel Huet（法国）；委员：Ms Lisa A. TAYLOR(美国)，Cdr.Harvinda Avtar（印度），Dr.Galina Agapova（俄罗斯），Dr. Hyun-Chul HAN（韩国），Dr. Yasuhiko OHARA(日本)，Mr. Norman Z. CHERKIS(美国)，Lic. Walter REYNOSO-PERALTA(阿根廷),Lic.Jose Luis Frias Szar（墨西哥）	对上次会议总结报告中存在的问题进行了修改和审议；修订了B-6标准的英/日版本，增加了英/俄版本，对5个成员国提交的39个新提案进行了审查。经委员会审议，28个新提案获得了通过，10个被挂起，1个被拒绝。通过的提案包括：秘鲁1个，俄罗斯9个，德国两个，韩国10个，日本6个；通过了从ACUF中提取的4个地名，介绍了GEBCO地名辞典的浏览查询方式
21	2008年5月19—22日	韩国济州岛	主席：Dr. Hans Werner SCHENKE（德国）；秘书：Michel Huet（法国）；委员：Ms.Lisa A. TAYLOR (美国),Cdr.Harvinda Avtar（印度），Dr.Galina.Agapova（俄罗斯），Dr.Hyun-Chul HAN（韩国),Dr Yasuhiko OHARA(日本),Lic. Walter REYNOSO-PERALTA(阿根廷),Lic.Jose Luis Frias Szar（墨西哥）,Capt. Albert E.Therberge（美国）观察员：Ms.Ana Angelica Alberoni(巴西)，Prof.Sungjae Choo（韩国),Dr.Ksenia Dobrolyubova（俄罗斯),Mr. Shigeru Kasuga（日本),Mr. Junghyun Kim（韩国)，Mr.Shigetoshi Nagao（日本)，Prof Hyo Hyun Sung（韩国)，Dr. Kunio Yashima（日本），Dr. Yeongjin Yeon（日本），Mr.Trent Palmer（美国),Mr. Teruo Kanazawa（日本),Mr.Yo Iwabuchi（日本),Mr.Yejong Woo（韩国),Mr.Soo Yoei Yoo（韩国),Prof. Hyo Hyun Sung（韩国),Dr.Gabor Gercsak(匈牙利),Dr.Vaughan Stagpoole(新西兰)，Mr. Ralf Krocker（德国）	对上次会议总结报告中存在的问题进行了修改和审议；对B-6标准中的通名术语定义以及B-6翻译版本进行了讨论；DOBROLYUBOVA（俄罗斯）当选为SCUFN新一届委员；对5个成员国提交的29个新提案进行了审查。经委员会审议，25个新提案获得了通过，3个被挂起，1个被拒绝。通过的提案包括：俄罗斯3个，日本8个，巴西6个，韩国8个。其中，中国黄海的日向礁在本次会议上被韩国命名为Gageo Reef（可居礁）；通过了从ACUF中提取出的两个地名以及Dr.F.Davey在罗斯海提出的1个地名

续表

序次	时间	地点	参会人员	主要内容
22	2009年9月22—26日	法国布雷斯特	主席：Dr. Hans Werner SCHENKE (德国) 秘书：Michel Huet (法国) 委员：Cdr.Ana Angelica ALBERONI (巴西),Cdr.Harvinda avtar (印度), DOBROLYUBOVA (俄罗斯), Dr Hyun-Chul HAN (韩国),Dr Yasuhiko OHARA(日本),Dr. Vaughan STAGPOOLE (新西兰),Cdr. Muhammad BASHIR(巴基斯坦), MsLisa A. TAYLOR (美国) 观察员：Ms.Darma Bennett (美国),Mr.Trent Palmer (美国),Hyo Hyun Sung (韩国),Mr.Brede Gybdersen (挪威),Ing.Etienne Cailliau (法国),Ing.Henri Dolou (法国),Mr.Young Tae Lim (韩国),Mr.Shigeru Kasuga (日本),Dr.Kunio Yashima (日本),Mr.JIN Ji-ye (中国)	对上次会议总结报告中存在的问题进行了修改和审议；Ms Lisa A. TAYLOR (美国) 在本次会议上当选为SCUFN副主席，对B-6标准进行了进一步的完善，增加地理实体定义的解释 (B-6中的附录F)；对6个成员国提交的47个新提案进行了审查。经委员会审查，23个新提案获得了通过，5个提案挂起，10个被拒绝，1个被撤回，8个被延期审议。通过的提案包括巴西9个，阿根廷1个，日本7个，韩国4个，厄瓜多尔1个，俄罗斯1个；接受美国ACUF地名录提案两个，我国首次以观察员身份参加SCUFN会议；Cdr Ana Angelica ALBERONI (巴西) 和Dr Vaughan STAGPOOLE (新西兰) 当选为SCUFN委员
23	2010年9月11—14日	秘鲁利马	主席：Dr. Hans Werner SCHENKE (德国) 副主席：Lisa A. TAYLOR (美国) 秘书：Michel Huet (法国) 委员：Cdr.Ana Angelica ALBERONI (巴西), Lic. Walter REYNOSO-PERALTA (阿根廷),DOBROLYUBOVA (俄罗斯),Dr.Hyun-Chul HAN (韩国),Dr.Yasuhiko OHARA(日本),Dr.Vaughan STAGPOOLE (新西兰), Cdr. Muhammad BASHIR (巴基斯坦) 观察员：Mr. Trent PALMER (美国),Mr. Kunio YASHIMA (日本),Mr. Jimmy NERANTZIS (美国),Capt. Paolo LUSIANI (意大利),Dr. Natalia TURKO (俄罗斯),Dr. Chris FOX (美国), GEBCO副主席,Cdr. Hugo MONTORO(秘鲁),Mr. Chang-sub CHOI (韩国),Ms. Inyoung PARK (韩国),Prof. LIN Shao-hua (中国),Dr. GAO Jin-yao (中国),Mr. JIN Ji-ye (中国),Mr. LIU Lianan (中国),Cdr. Rajesh BARGOTI (印度),Dr. Bruce GOLBY (澳大利亚),Ms. Paola TRAVAGLINI (加拿大)	对上次会议总结报告中存在的问题进行了修改和审议；修改和增加了B-6标准中的部分通名术语，对8个成员国提交的51个新提案进行了审查。经委员会审查，42个新提案获得了通过，8个被挂起，1个被拒绝。通过的提案包括阿根廷1个，德国12个，秘鲁2个，英国两个，巴西8个，日本6个，俄罗斯两个

续 表

序次	时间	地点	参会人员	主要内容
24	2011年9月12—16日	中国北京	主 席：Dr. Hans Werner SCHENKE (德国) 副主席：Lisa A. TAYLOR (美国) 秘 书：Michel Huet (法国) 委 员：Cdr.Ana Angelica ALBERONI (巴西),Dr.Ksenia DOBROLYUBOVA (俄罗斯),Dr Hyun-Chul HAN (韩国),Prof. LIN Shao-hua (中国),Dr.Yasuhiko OHARA (日本), Dr.Vaughan STAGPOOLE (新西兰), Cdr. Muhammad BASHIR (巴基斯坦),Mr.Norman Z. CHERKIS (美国) 观察员：Mr.Jimmy Nerantzis （美国）, Dr. kunio Yashima (日本), Mr.JIN Ji-ye(中国), Mr.LI Si-hai (中国),Mr. Xing ZHE (中国), Dr.GAO Jin-yao (中国), Mr.Li Shou-jun (中国), Mr.Ruan Wen-bin (中国), Ms.FAN Miao(中国), Ms.Li Yan-wen(中国), Ms.Mariana MOROZOVA (俄罗斯), Mr.Vladimir Pankin (俄罗斯), Mr.Vladimir BOGINSKIY (俄罗斯), Cdr. Rajesh BARGOTI (印度), Ms. I Ji KIM (韩国)	对上次会议总结报告中存在的问题进行了修改和审议，增加了B-6标准的中/英翻译版本；对8个成员国提交的81个新提案进行了审查。经委员会审查，73个新提案获得了通过，9个被挂起，1个提案被拒绝。通过的提案包括中国7个、日本31个、厄瓜多尔4个、德国9个、荷兰1个、巴西6个、俄罗斯10个。本次大会由我国承办，并首次向SCUFN提交提案且获得通过，实现了我国海底地名零提案的突破；会上林绍花研究员当选为SCUFN委员

续　表

序次	时间	地点	参会人员	主要内容
25	2012年10月23—27日	新西兰国土信息部	主　席：Dr. Hans Werner SCHENKE（德国） 秘　书：Michel Huet（法国） 委　员：Cdr.Ana Angelica ALBERONI（巴西），Dr.Ksenia DOBROLYUBOVA（俄罗斯），Dr.Hyun-Chul HAN（韩国），Prof.LIN Shao-hua（中国），Dr.Yasuhiko OHARA（日本），Dr.Vaughan STAGPOOLE（新西兰），Lic.Walter REYNOSO-PERALTA（阿根廷），LCdr. Felipe Barrios（智利） 观察员：Dr. Robin Falconer（GEBCO主席），Dr. Kunio Yashima（日本），Mr.LI Si-hai（中国），Mr.Xing ZHE（中国），Dr.GAO Jinyao（中国），Mr.HU Wei（中国），Ms.Mariana MOROZOVA（俄罗斯），Mr.Vladimir Pankin（俄罗斯），Mr.Vladimir BOGINSKIY（俄罗斯），Ms.Ekaterina BRUSEBSKAYA（俄罗斯），Dr.Moon Bo Shim（韩国），Ms.Kwang Nam Han（韩国），Mr. Keviin Mackay（新西兰）	对上次会议总结报告中存在的问题进行了修改和审议； 对9个成员国提交的58个新提案进行了审议。经委员会审议，46个新提案获得了通过，4个被挂起，1个被拒绝，7个撤回。通过的提案包括中国12个、日本14个、韩国4个、巴西3个、阿根廷3个、意大利3个、俄罗斯6个、新西兰1个，会议还审查通过了日本、新西兰和GEBCO海底地名库中的历史提案共计224个，对SCUFN的海底地名名称进行了讨论修改，增加了部分海底地名定义、准术语及其定义，原则审议通过了由巴西委员和中国委员共同编写的SCUFN提案表准备技术指南，委员会成立了专门工作组，采用简化程序审议接纳了新西兰国家地名库的78个国家海底地名提案，会上还通报了IHO方面新当选的智利籍委员的情况

序次	时间	地点	参会人员	主要内容
26	2013年9月23—27日	日本东京海上保安厅海洋情报部	主　席：Dr. Hans Werner SCHENKE (德国) 副主席：Lisa A. TAYLOR (美国) 秘　书：Michel Huet (法国) 委　员：Cdr Ana Angelica ALBERONI (巴西),Mr.Norman Z. CHERKIS (美国), Dr.Ksenia DOBROLYUBOVA (俄罗斯),Dr.Hyun-Chul HAN (韩国),Prof.LIN Shao-hua (中国),Dr.Yasuhiko OHARA(日本),Dr.Vaughan STAGPOOLE (新西兰),Lic.Walter REYNOSO-PERALTA (阿根廷) 观察员：Mr.Shin TANI (日本,GEBCO主席),Mr.Simon CLAUS (比利时),Mr.LI Si-hai (中国),Mr.Xing ZHE (中国),Ms.XU He-yun (中国),Dr.GAO Jin-yao (中国),Mr.FU Feng-shan (中国),Ms.Hyo Hyun SUNG (韩国),Ms.Hyunuk LEE (韩国),Mr.Jang Hyun AN (韩国),Ms.Mariana MOROZOVA (俄罗斯),Mr. Alexander KUTUZOV (俄罗斯),Mr.Vladimir BOGINSKIY(俄罗斯),Ms.Ekaterina BRUSEBSKAYA (俄罗斯)	对上次会议总结报告中存在的问题进行了修改和审查；对7个成员国提交的55个新提案进行了审查。经委员会审议，48个新提案获得了通过，7个被挂起。通过的提案包括中国10个、新西兰3个、日本20个、韩国4个、俄罗斯7个、巴西4个。其中，中国就日本的两个位于中日专属经济区重叠海域的提案以及韩国一个位于中韩专属经济区重叠海域的提案提出了反对意见，但委员会仍以符合SCUFN原则为由审议通过；会议展示了SCUFN海底地名录信息网站的建设和运行服务情况，对SCUFN海底地名命名标准（B-6）及其附件一SCUFN提案准备技术指南进行了终审，同时还讨论接纳了IHO部分成员国对标准修改提出的意见和建议，中国在本次会议上介绍了有关承建小规模地理实体地名信息数据库建设的实施方案，会议同意俄方提出的要求仿照审议新西兰历史提案的简化程序，成立由俄罗斯、日本、美国三国委员组成的专家组对其将提交的首批北极海域的历史地名提案进行审议

序次	时间	地点	参会人员	主要内容
27	2014年6月16—20日	摩纳哥（国际水道测量局）	主 席：Dr. Hans Werner SCHENKE（德国） 副主席：Lisa A. TAYLOR（美国） 秘 书：Michel Huet（法国），Yves Guillam（法国） 委 员：Cdr.Ana Angelica ALBERONI（巴西），Mr.Norman Z. CHERKIS（美国），Dr.Hyun-Chul HAN（韩国），Prof. LIN Shao-hua（中国），Dr Yasuhiko OHARA（日本），Lic. Walter REYNOSO-PERALTA（阿根廷），Kian Fadaie（加拿大） 观察员：Mr.Jimmy Nerantzis（美国），Mr. Simon CLAUS（比利时），Mr.LI Si-hai（中国），Mr.Xing ZHE（中国），Mr. WANG Xin（中国），Dr.GAO Jin-yao（中国），Mr.SONG Cheng-bing（中国）;Mr.Felix Frias Ibarra（墨西哥）,Mr. Shin TANI（日本，GEBCO主席）,Mr.Rear Admiral Zaaimbin Hasan（马来西亚）	对上次会议总结报告中存在的问题进行了修改和审议；对12个成员国提交的76个新提案进行了审议。经委员会审议，47个新提案获得了通过，23个被挂起，不接纳6个。通过的提案包括中国14个、巴西3个、丹麦1个、日本23个、韩国两个、德国两个、法国1个、美国1个。其中，马来西亚首次在南海提出4个海底地名提案，因技术原因被挂起；会议展示了SCUFN提案在线提交网站的建设情况；现任主席德国人Dr. Hans Werner SCHENKE和副主席美国人Lisa A. TAYLOR选举连任为SCUFN的主席和副主席，秘书法国人Michel Huet在本次会议上退休，接任者为Yves Guillam

注：1993年前，SCUFN(Sub-Committee of Undersea Feature Names)称为SCGN(Sub-Committee on Geographical Names and Nomenclature of Ocean Bottom Features).